HORRIBLE SCIENCE
可怕的科学

经典数学系列

要命的数学
MURDEROUS MATHS

[英] 卡佳坦·波斯基特／原著　[英] 菲利浦·瑞弗、[英] 特雷弗·邓顿／绘　张习义／译

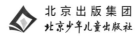

北京出版集团
北京少年儿童出版社

著作权合同登记号

图字:01-2009-4297

Illustrations copyright © Philip Reeve and Trevor Dunton

图书在版编目(CIP)数据

要命的数学 /（英）波斯基特（Poskitt，K.）原著；
（英）瑞弗（Reeve，P.），（英）邓顿（Dunton，T.）绘；
张习义译 . —2 版 . —北京：北京少年儿童出版社，
2010. 1（2024.12 重印）
（可怕的科学·经典数学系列）

ISBN 978-7-5301-2343-0

Ⅰ.①要… Ⅱ.①波… ②瑞… ③邓… ④张…
Ⅲ.①数学—少年读物 Ⅳ.①01-49

中国版本图书馆 CIP 数据核字（2009）第 181249 号

可怕的科学·经典数学系列

要命的数学

YAOMING DE SHUXUE

［英］卡佳坦·波斯基特 原著

［英］菲利浦·瑞弗、［英］特雷弗·邓顿 绘

张习义 译

*

北京出版集团
北京少年儿童出版社 出版
（北京北三环中路6号）
邮政编码:100120

网 址 : www . bph . com . cn
北京少年儿童出版社发行
新华书店经销
北京雁林吉兆印刷有限公司印刷

*

787 毫米 × 1092 毫米　16 开本　8.75 印张　50 千字
2010 年 1 月第 2 版　2024 年 12 月第 83 次印刷
ISBN 978 - 7 - 5301 - 2343 - 0/N · 131

定价: 25.00 元

如有印装质量问题，由本社负责调换
质量监督电话: 010 - 58572171

目 录

点击www.murderousmaths.co.uk,有更精彩的故事、游戏、笑话在等着你!

要命的数学
——你在开玩笑吗

城市：美国，伊利诺伊州，芝加哥

地点：上主街，卢齐的餐馆

日期：1927 年 4 月 1 日

时间：午夜 1 :30

1

　　班尼斜靠在餐馆的自动点唱机旁，等着完成他下班前最后一件差事——擦地板。几乎所有的桌子在一个小时前就收拾完了，除了那一张。坐在那张桌子旁边的人班尼都认识，他们可是这里的两个最大黑帮的头目。

　　班尼点燃手中的雪茄，烟雾缭绕着升起，又像逃跑的幽灵一样钻进那台破旧不堪却仍在这闷热的天气缓慢转动的风扇里。

　　"先生们，举起酒杯！"布雷德·博塞里站起来说道，"今天我们两个家族的战斗终于结束了！让我们为我们家族之间的永久和平干杯！"

　　班尼抬头看见博塞里一家和嘎布里亚尼一家郑重其事地碰了

碰酒杯，一饮而尽后又相当随便地互相握了握手。班尼知道，这场漫长的和解谈判终于以这种形式结束了。

"老板！"左手只有一根手指的吉米冲着趴在柜台上打呼噜的卢齐粗声粗气地喊，"醒醒！结账！"

老板卢齐猛地惊醒，揉着睡眼，匆匆走到桌子跟前，十分谦卑地递上账单。

"23美元35美分。"威赛尔接过账单大声念道。

"伙计，我想我们应该分摊才对。"吉米说。

"什么？"威赛尔厉声喊道，"你们一伙把大虾沙拉都吃了，那可比意大利面条贵10美分！"

"你们的兄弟还吃掉一半的蒜汁面包！这怎么算？"吉米咆哮着。

"一半？"嘎布里亚尼冷冷一笑，"我只吃了一小块而已。况且，是你给的。你这个垃圾。"

　　"你叫我垃圾？！"吉米这个脾气火暴的牛仔已经扣上他的四角帽，威胁道，"我给你几个铅弹尝尝怎么样？"

　　"伙计们，冷静，"和善的布雷德是提倡用和平方式解决一切的人，他可不想看到他的努力前功尽弃，"我们现在是朋友，记得吗？我们有事可以好好商量。谁懂点儿数学啊？"

　　"我可不懂什么数学，但就是不能对半分。"威赛尔说，"我们应该少付些钱！"

　　"但是你们是 4 个人，我们是 3 个。"吉米吼道。

　　"像你这种只有一个手指的家伙，能把数数清楚已经很不错了，"查尔索不冷不热地嘲讽着，"可你看看，你的弟弟那么胖，他可是要算两个人的。"

　　"好！"吉米已经不想再争执下去了，他跳了起来，一把掀翻了桌子，"他可不喜欢被人说胖，是不是，波基？"

"当然啦！"波基咕哝着抓起身边的长刃刀。

"别激动！"威赛尔说着迅速地拿出扣在帽子下面的枪。

班尼和老板卢齐看到形势不妙，赶忙猫着腰躲到柜台的后面，连头也不敢抬。只听到"砰、砰"几声枪响，紧接着便是惨叫声和身体倒在地板上发出的闷响。

随后是一阵沉寂，除了那台破旧风扇咯吱咯吱转动的声音，再没有了其他的声响。

"唉，都结束了……好惨啊！"胆小的卢齐依然蹲在柜台下面叹息道，"他们要是懂点儿数学该有多好。"

"没错，可现在他们都死了。"班尼站起来，看着餐馆里横七竖八倒卧着的尸体伤心地说。

"谁在意那些呢？"卢齐一下子从柜台后冲出来捡起那张溅上鲜血的账单大叫，"我只想知道由谁来付这个账单啊，我的23美元35美分……23美元35美分……"

是的，不管你是争论餐馆的账单，还是研究如何发射火箭到月球，或者你也许只想给朋友变几个小戏法，你都需要知道一些数学的知识——要命的数学知识！

有些数学表达式看上去很吓人，像这个：

$$\int (x^3 + y^3)^{1/2} / \omega r = 0.27993$$

不用担心，那是科学家们要考虑的事情。

数学中大多数的表达式会使用一些非常简单明了的数字和符号，当然也有一些干脆不使用数字或字母！比如：

在热水中进行的数学实验

▶ 往浴盆里灌满水，直到水与浴缸外沿相齐。

▶ 慢慢进入浴缸。

▶ 躺下来，使你的身体浮起来。

没事的，妈妈，这可是我的家庭作业！

▶ 猜猜会发生什么？溢出到地板上的水的重量正好和你的体重一样！

当你躺在浴缸里，认真思考着这个关于漂浮在水中的数学问题的时候，你的妈妈也许会冲进来打你的屁股，这时，只要你冷静地告诉她，你正在进行阿基米德的"流体静力学原理"实验，你的妈妈也许会因为看到你颇具破坏能力的数学天分而怒气全消。

在以下章节中，我们将从一些异常简单的小知识开始——老实说它真的太容易了，以至于你可以蒙着双眼、头朝下倒着走或剪着脚指甲就能看完它。但是你可不要被这简单的表面现象所欺骗，因为即使是最简单的数学概念也可能导致一些可怕的后果。

下一章中你将看到整个人类是如何因为一个庞大的数字而濒临毁灭的！

你说不可能？好，那就作好准备，我们一起去看看……

基本知识

符号和记号

你一定已经知道不同的数字意味着什么了，是不是？1就是一，2就是二。

等等！香蕉皮不要丢过来，我只是开了个玩笑而已。

你会惊喜地发现原来数字是活的，它们一直在偷偷玩着它们自己的游戏。于是我们就用一些符号来和这些调皮好动的数字交流，好加入到它们的游戏中去。

1 发现都是 2 在捣乱。

"=" 等号

这个符号表示两个数字彼此相等，例如 3 = 3。（如果所有的计算题都这么简单，那该有多好）

"+" 加号

这个符号用于你想把两个数字加在一起的时候。

如果你裤子的一个口袋装有 10 美元，而另一个口袋装有 25 美元，那么你能得到什么？

别人的裤子。

古老的笑话。

使用"+"时要注意的是你必须加同样的东西。看这个：

2 个苹果 + 3 个苹果 =5 个苹果

（也许有人想用他的计算器检验这一结果。如果你认识一个这样的人，最好离他远点，因为他的脑子说不定进水了）

现在看这道计算题：

17 个女孩 + 9 个男孩 =26 个 …… 什么？

是 26 个女孩吗？不是，除非男孩子不介意叫他们为"女孩子"。是 26 个男孩吗？当然也不是，除非女孩子不介意叫她们为"男孩子"。

这样说来，女孩和男孩的总数是 26，或者也可以说是 26 个孩子。

"—"减号

这个符号是用在你想从一些东西中取出一部分时。强调一下，你必须用两件相同品种的东西来进行计算。

下面这样是可以的：

7 只狗 – 4 只狗 =3 只狗

而下面的计算显然是毫无意义的：

7 根香肠 – 2 片面包 = ？

你看！多么可笑的算式。

"×"乘号

乘某数相当于一次又一次地加某数。5×3相当于加5次3，或加3次5。

$$5 \times 3 = 5 + 5 + 5 = 3 + 3 + 3 + 3 + 3 = 15$$

"÷"除号

除法是乘法的逆运算。它表示把一个数分成相等的几份。

$$15 \div 3 = 5$$

这道题告诉你，如果你把15分成3份，那么每一份是5。另一种叙述方式是"15中有几个3？"——答案仍然是5。

关于除号的计算题有一些相当可爱的性质。你可以交换除数和答案，而结果仍然是对的。这里你把3和5交换，可以得到：

$$15 \div 5 = 3$$

它对像下面这样大的数也一样成立：

$12\,341 \div 43 = 287$ 是正确的，所以 $12\,341 \div 287 = 43$ 也是正确的。

"%"百分号

这意味着"用100除"。一些学校给出以百分比计算的成绩，所以，如果你得到61%，那么这意味着你在100分中得到了61分。

鸡蛋降价20%

现价是多少呢？

商店橱窗中经常会有"降价20%"的标牌。它意味着,某商品的价格将"减去原来价格的20/100",另外一种说法是商店里的任何商品都会以原来价格的4/5出售。当然,如果你看见一个商店说它的商品价格"上涨50%",那可千万不要进去!

这就是 + , − , × , ÷ 和 %,这几个小巧、简单、可爱的符号在数学语言中是那么的常用,我们在任何一个算式中都可以看到它们活跃的身影。

现在我们再来看一看这个足以引起爆炸性影响的符号……

幂

你经常需要多次用一个数乘它自己。

$13 \times 13 \times 13 \times 13 \times 13$ 得多少?

13 在这里用它自己乘 5 次,这叫作"13 的 5 次幂"。(注意,这与 13×5 不同,它只意味着 13 的 5 倍)

我们可以用一种简写法来表示。你只要在 13 的右上角写一个小数字 5 ,就可以代替写 5 次 13 ,即 13^5。

9

幂所带给人的震撼在于它的计算结果，它们往往是一些非常大的数字。

请比较下面这两个数字：

13 乘 5，即 $13 \times 5 = 65$。

13 的 5 次幂，即 $13^5 = 371\ 293$。

怎样吓唬科学家

当用数字来描述现实的事物，特别是在描述像细菌这样的微生物时，往往会让你大吃一惊。单个细菌看起来没有什么特别，就像是一只肉乎乎不停蠕动的蛆的微小版本。但是它们具有惊人的繁殖能力而又异常的活跃，它们无处不在，布满我们肉眼所看不到的角角落落，只有在显微镜下才能看到它们那个疯狂的世界（你甚至不会想到，在你的肠道里，就存活着数以百万计不停活动着的温和的细菌）！它们形形色色，有着数以千计不同的形态。虽然它们大多是无害的，但如果你一不小心感染了某种对人体有害的细菌而其数量又膨胀到无法控制的时候，那么它们足以要了你的小命。

科学家一直在不断尝试发明新的药物来抗击这些无情的危险细菌，但是他们却要面对两个十分挠头的大麻烦……

▶ 虽然药物可以杀死几十亿计的细菌，但是偶尔也会有一两个成为突变异种。这意味着它们能够抵抗那些原本可以置它们于死地的药物而存活下来。

▶ 有些细菌可能是致命的，但也有少数的细菌虽然对人体并无伤害，但麻烦的是它们自身具有超强的繁殖能力，能够不断地急速繁殖自己，其后果也相当可怕。

细菌的繁殖规则

1. 单个细菌成熟后就分裂为两个独立存在的细菌。

2. 每个分裂的细菌成熟后又分裂成两个独立的个体。

3. 细菌的繁殖分裂速度是每 10 分钟分裂一次（甚至更快）。

真的，刚开始时，我们只看到一个孤单可怜的小细菌，那么：

▶ 10 分钟后你就会看到 2 个

▶ 20 分钟后你就会看到 2×2（2^2）个

▶ 30 分钟后你就会看到 $2 \times 2 \times 2$（2^3）个

▶ 60 分钟后你就会看到 $2 \times 2 \times 2 \times 2 \times 2 \times 2$（$2^6$）个

24 小时后你将看到 2^{144} 个细菌！

那么你能推算出仅仅一天后这个小细菌将会拥有多少个同类吗？

你如果计算出 2 的 144 次幂的值，好好数数它大约等于 22 300 000 000 000 000 000 000 000 000 000 000 000 000 000！真是吓人的庞大数字！

你也可以把这个数字记作 2.23×10^{43}。在本书"怎样处理大数目"那一部分会详细教你如何处理如此巨大的数字。

事实上，繁殖最快的细菌完成生长和分裂的过程只需 10 分钟，甚至更短的时间，而大多数细菌大约要半个小时，但假使以半小时作为细菌的繁殖周期来计算，在一天后你也将得到 2^{48} 个细菌，它大约是 281 000 000 000 000。两天后你将得到的细菌数是 281 000 000 000 000^2，它大约是 79 000 000 000 000 000 000 000 000。

当这些不断繁殖的是致命的细菌时……

▶ 没有任何力量可以阻止它们

▶ 细菌不断地扩张自己

▶ 没有任何力量可以摧毁它们

…… 这些细菌足以杀死世界上的每一个人。

面对这种状况，即使是再镇定自若的科学家也会恐慌起来。

如果你不停地让一个大于 1 的数字成倍地增加，你一定会被它惊人的增长速度吓一跳！看看坎索上校，这个在下一章即将出现的人物，就因掉进了一个数字陷阱而受了一次不小的打击。

芬迪施教授的致命菌斑

嘿嘿，如你所想，是的，这同样是个刺激的冒险故事……

芬迪施教授是个可怕的科学家，他会为了做一个危险的试验而把你锁进了他的浴室。浴室的地板上到处都是巨大的致命菌斑，这些菌斑在整个房间里释放它们腐烂的孢子，触碰到这些散布到空气中的孢子，会让人全身腐烂。而你唯一能够摆脱危险的方法就是用瓷砖来覆盖每一块菌斑，哪怕只是最微小的一块也不能落下。

幸运的是，你发现浴室中有一整套大小相同的方形瓷砖（图中浴室里散布着菌斑的区域边缘并不是很整齐，而你铺盖的瓷砖面积大到足以覆盖每个菌斑就行），这个问题对你来说变得容易多了吧？

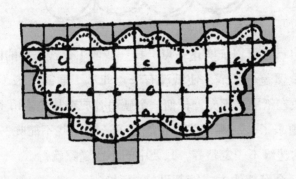

但是狡猾的芬迪施教授也同样意识到用方瓷砖覆盖过于简单，他竟然把方瓷砖拿开，让你看一些奇怪的形状（如下图），要求你只能选择这些形状中的一种，并按照你的选择，提供一套这种形状的瓷砖给你。

13

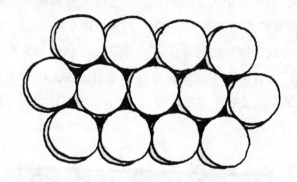

选择不同形状的瓷砖来覆盖会有什么不同的效果？你认为哪一些形状不能用？这里先给你一个提示：圆形瓷砖不能用，因为在瓷砖之间会有许多空隙，像这样……

你自己也可以证实这一点。找一些像1分钱那样的圆形硬币，尝试完全覆盖一张纸，使纸没有一点儿从下面露出来（所有硬币必须平放在纸上，不允许任何一个硬币叠放在其他硬币上）。

难题来了——哪一些形状能覆盖，哪一些不能呢？记住，覆盖图案的边缘不一定整齐，只要中间不留缝隙就行。

有一个有趣的方式能帮助你找到答案：找一些纸来，把它们剪成同样的形状，然后看你能不能把它们严丝合缝地拼在一起。使用这种方式可以帮你找到哪种形状能让你从芬迪施教授的菌斑威胁中逃脱出来。

你甚至可以自己选择任意的形状，把它们画在纸上剪下来。你应该能够发现具有3条或者4条直边的任何一种形状都行。但是，如果你很聪明的话，也可以试试能不能找到有 5 条或更多条边的形状也能覆盖。

答案

　　形状 1、2、3、8 和 9 能完全覆盖菌斑，而其他形状会留下空隙，腐烂的孢子会从中跑出来并袭击你。

传令兵激动人心的传奇故事

　　"好惨！"坎索上校走进守卫室时惊叫起来，"这是怎么回事？"

　　"唉，先生，你看，"军士结结巴巴地说，"我们的衣服全丢了。"

　　上校疑惑地向四处看了看，只见他的 12 个传令兵正光着身子坐在他面前瑟瑟发抖。

"你们弄丢了衣服？这是什么意思？"上校气呼呼地说，"我明明看见它们堆在角落里。你们应该检查检查自己的眼睛了吧？"

"不，先生，我们玩牌，结果输了衣服。"一个军士咕哝着说，并试图用方块7和梅花J遮住自己。

"那么是谁赢了？"上校要他们回答。

"您好！"一个小矮人从人群后面走出来说，"数学家泰格愿为您效劳。"

"马上把衣服还给他们。"上校命令道。

"那不合适，先生，"泰格说，"我可是正大光明赢的，而这些先生们都是绅士，不会妄想把不是他们的东西据为己有吧！"

满屋子的传令兵都严肃地点点头，他们都知道，作为传令兵必须要有绅士风度。不过，此时他们已不敢肯定，身为一个战栗着的裸体绅士是不是一件光彩的事情。

"好，数学家泰格先生，来看看你有多绅士，"上校一边说一边分牌，"因为我要给你上一课。"

大约10分钟以后……

"我能留下裤子吗？"上校请求说，"毕竟得有个地方挂我的勋章啊。"

泰格咧着嘴笑了笑："当然可以，不过你必须买回你的衣服。"

"多少钱？"上校问。

"你必须为每一套衣服分别付钱。"泰格说。

"多少钱？"上校追问。

"第一套衣服付 1 英镑，第二套衣服付 2 英镑，第三套衣服付 3 英镑，第四套衣服付 4 英镑，依次类推……"

"但是，连我的在内一共有 13 套！"上校气呼呼地说，"难道最后我的那套衣服要付 13 英镑？"

"如果你认为这种付法不合适的话，我可以给你另一种选择。第一套衣服你只需要付 1 便士。"泰格说。

"嗯，这还差不多！"上校说。

"但是每次要加倍，所以第二套衣服付 2 便士，下一套付 4 便士，再下一套付 8 便士，依次类推……"

"甭废话！"上校生怕泰格改变主意，打断他的话说，"我会多拿些便士来，赎回我的衣服。"

"第一套衣服我要 1.便士。"泰格说。

"当然，"上校摸了摸口袋，可惜只摸到了光光的肚皮，"哦，我能不能以后再付？"

"好吧，"泰格说，"但是不要忘了 13 套衣服你要付 13 次。"

"我答应你，"上校说，"不管怎么说，不过是几个便士嘛。"

很快，所有的士兵都穿上了衣服。

"好！"上校问泰格，"我一共欠你多少钱？"

"别着急，"泰格说，"我也许还可以为你做另外一些事。"

砰！就在这时，一支箭穿过守卫室的窗户，扎在上校面前的桌子上。

"好危险！"上校气呼呼地说，"太近了。"

"没错，"军士赞同地说，"差点儿打翻牛奶罐。"

"我要投诉那个邮差。"上校边说边打开箭头上的小羊皮纸卷。

"上面说什么？"军士问。

"请读质数大象帮助你我喜欢冷香肠……"上校咕哝着说。

"嗯？"所有的传令兵都惊奇地看着上校。

"什么乱七八糟的。"上校说。

"除了关于冷香肠这点，"士兵说，"我也喜欢冷香肠。"

请 读 质数 大象 救命 你 我 喜欢 冷 香肠
是 不 被囚禁 爱 那些 窗帘 在绿色的 微积分
不要 等待 上 城堡 你好 妈妈 看 那个 鸟
唱歌 被囚禁 公主 龙 约翰 上 你的 跳跃者
拉普拉斯 粉碎 附记 鸡蛋 菱形 烈酒 窗口

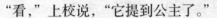

"看，"上校说，"它提到公主了。"

"龙·约翰·拉普拉斯？"军士惊叫道，"她是谁？"

"也许是拉普拉斯公主！"上校说，"她在用密码写。"

"哎呀！一定是密码！"军士马上附和着说。

"是的，"上校自言自语地说，"我了解公主，这一定是一种费尽心机的数字戏法。"

"哎呀，那可糟了！先生，她很聪明，"军士谄媚地笑着说，"没有人破解过她的密码。"

"包括我们？"上校说，"太糟了。我们怎么知道她想干什么？"

这时，从角落里传来一阵轻轻的咳嗽声。

"我能为你破解它。"数学家咧着嘴说。

"真的？"上校疑惑地问。

"不过，你还要再付一笔钱。"

别走开，我们马上回来……

19

历史上最棒的发明

当你看到数字的时候，你的第一感觉如何？

数字太常见了，以至于每个人都会认为它是理所当然存在的。而实际上，数字也是被人类发明出来的，并且是人类历史上最具智慧、最有影响的发明。

你也许会说电视这个发明更棒，或者说喷气式飞机的发明影响更大一些，但是值得深思的是，如果不借助数字来计算，它们也许将永远不会被发明出来。

感谢上帝，我们不是罗马人——数字的操作

现在我们能够方便地读写数字自然应归功于"十进制数制"。

按照十进制的规则，你可以写出下面这个算式：

$$
\begin{array}{r}
28 \\
107 \\
+\ 654 \\
\hline
789
\end{array}
$$

为了让你能了解更多的数学知识，让我们来看看古罗马人是怎样写同样的算式的：

$$
\begin{array}{r}
\text{XXVIII} \\
\text{CVII} \\
+\ \text{DCLIV} \\
\hline
\text{DCCLXXXIX}
\end{array}
$$

真费解，是不是？在遥远的古代，人类还没有发明我们沿用至今并经过不断完善的数制体系。最早的数制是从这样的简单记数开始的……

人们最终意识到画多少道短线都是没有意义的，于是他们开始发明更加简便的数字表达方法。

罗马人使用短线（I）表示最小的数字，随着数字的变大，他们使用字母来简写……

▶ 他们使用字母"V"表示"5"，代替画5道短线。如果需要的话，他们在"V"后面添加更多的短线，所以如果要表示"7"的话，他们会写"VII"。

▶ 他们使用字母"X"表示数字"10"。和上面一样，如果需要的话他们在后面添加更多的短线，所以"13"写成"XIII"，而"15"写成"XV"。

最后，他们发明了这些符号：

I=1　V=5　X=10　L=50　C=100　D=500　M=1000

他们说是他发明了罗马数制。

聪明过人的
迪克斯

组合这些符号，罗马人就可以表示任何数字了，例如 537 就是 DXXXVII。这种记数法一直沿用至今。但是……

罗马人也并不是把符号简单地组合在一起。例如，要写数字 9，他们本可以写 VIIII（它意味着 5＋4），但是书写 IX 要更容易一些。把 I 放在 X 前面，意思是从 10 中取出 1 来得到数字 9。头有点儿大，是不是？可这仅仅是个开头。为了书写方便，他们对大数字也常常这么处理，XC 和 LXXXX 一样，都表示 90。XCII 意味着 92，而 XCIV 表示 94。

（老实讲，现在你是否已经开始承认我们现在使用的数制是相当智慧的了）

现在我们来做一个小测试，你能把下面的罗马数字与我们常用的数字对应起来吗？注意，里面有两个数字是不对应的。在你的大脑过热之前你能把它们找出来吗？

DXXXIX XVII LMV
DIX MMXXII CDIV
XLI MCMXCVII

955 539 404 2022 17 41 1997 1202

DIX 和 1202 不对应。

有一个数字不能用罗马数字表示。你能想出是哪一个吗？

答案

罗马数字中没有对应零的符号！

也许你会认为罗马数字写起来并不特别费劲，那么想象一下，如何用它写下面的算术题？

(MMCDLXIV ÷ XVI) + (XXIX × XVII) =DCXXXXVII

手足无措的
迪克斯

哎哟！真的很难办吧？

"十进制" 系统怎样工作

如果我们要写小于 10 的数，只需要写下一个数字即可，例如 3 或者 8。

你说简单，是我还是数字？

当然是你啦，你很简单嘛。

如果我们要写大于 10 的数，我们就需要同时使用 1 个以上的数字。我们可以写数字"六十五"为 65，或者写数字"四百八十二"为 482。我们甚至可以很容易地写很大的数字，例如 98 746 227 021。（请想象一下用罗马数字怎么写呢）

我们的数制之所以能工作是因为我们可以将同一组数字进行不同的组合，把它们放在不同的位置，它们就有不同的值。

例如数字 531，我们知道 1 的值是 1，3 的值就是 $3 \times 10 = 30$，而 5 的值是 $5 \times 10 \times 10 = 500$。显然，每一个数位的值都是它右面数位的 10 倍。

假定你使用了同样一组数字，只要把它们放在不同的位置，那么你将得到完全不同的数值。

例如，如果你把 5、3、1 重新组合成 135，那么现在 5 的值只是 5，3 的值仍然是 3×10=30（3 的位置和前面一样），而 1 的值是 1×10×10=100！

最早的数字机器

在古代，人们用几种不同的方法来记录数字。他们或者使用一堆石子，或者在绳上打结，但是最聪明的方法还是用中国人发明的算盘，直至今天，在一些国家里还有不少人在使用它。

算盘上有许多竖杆，上面穿着珠子。大多数算盘的竖杆被分成两部分，上面部分各有一个珠子，下面部分各有 4 个珠子。有少许空间允许珠子沿竖杆滑动。这里就是一个小算盘……

26

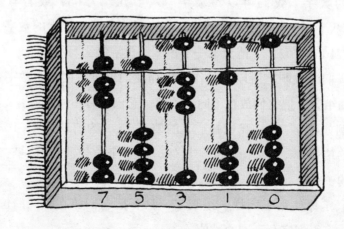

算盘上每一竖杆上的珠子的位置表示一个数字。

当把横档上方的单个珠子推到最上面，4个一组的珠子推到最下面，就表示数字"0"。

▶ 如果把下面的1个珠子推上去，则表示数字1。

▶ 如果把下面的3个珠子推上去，则表示数字3。

▶ 如果把横档上面的珠子推到下面，则表示数字5。

▶ 如果上面的珠子和同一根杆上的下面的珠子全推到中间……你可以想出来它表示的是什么吗？

算盘的一个好处是你可以快速改变数字，而不必像平常那样去涂改已写在纸上的字迹。这就意味着算盘能帮助我们处理像加法和减法这样的运算。事实上，熟练使用算盘的人甚至可以用它作乘法和除法运算，速度比用计算器还快！

电池往哪儿放呢？

你可以从算盘上读出数字，就像读写的数字一样。第27页图中的算盘表示数字75 310。就像书写的数字一样，算盘上的每一根竖杆的值是它右面竖杆值的10倍。

你是否注意到几乎所有的计算都依赖于数字10？奇怪的是，我们为1到9的所有数字都设定了不同的符号，但当我们写10这个数字时却没有使用更多的特定符号，而是写了一个"1"，后面跟一个"0"。现在我们会觉得这再自然不过了，但在当时，

"0"和这种记数法的发明对整个人类历史来说却是一个重大的突破……

0 的发明

在数字 1~9 被发明后，人们还是花了数百年才意识到他们多么需要一个代表零的符号。在算盘上表示"0"很简单，你只要把所有的珠子推到边上就可以了。但是在没有发明"0"的情况下，当他们要记下"两千零一十四"这个数的时候，他们只能写成"2 14"（在百位的那一列留下一个不大的空隙）……可以想象，如果他们忘记了这个零的存在，或者把空隙留得大了一些的话，势必会造成混乱……

我们知道"0"是一个很含蓄的数字，虽然"0"的值表示什么都没有，但有时却代表许多！你能想象在没有 0 的情况下如何去写非常大的数字吗？那简直太要命了！

无用的计算器

如今计算器已十分普及，你可以在任何能想到的地方看到它的影子。它会出现在手表上，也可能出现在钢笔的侧面，也许过不了多久会有带水果香味的计算器被发明出来。是的，计算器能够很方便地帮助我们快速完成简单的计算。问题是有些人过于依赖计算器，认为可以用计算器解决所有的数学问题。试着问一问他们中的某个人："如果我有 6 个计算器，被别人拿走 2 个，还剩下几个呢？"他有可能会说："啊，这可用不着我动脑子，我的计算器在哪儿？用它算算就行。"看到这里，你会觉得这个呆子很好笑，因为我们知道，计算器并不是无所不能的，有时甚至完全没有用处。在下面的故事中，你会发现计算器并没有帮你什么忙，反而给你制造了许多麻烦。

蛋糕、呆子和计算器

想象这样的情景：有一天你过生日，得到一个美味可口的蛋糕，你想和你的 6 位朋友分享这块蛋糕。那么等分这块蛋糕，每

29

个人能得到多少？这是需要解决的一个数学问题，从原理上我们可以理解为用 7 个人除 1 个蛋糕（不要忘了你自己哦）。这时你的一位喜欢用计算器卖弄而又显然不够聪明的朋友立即掏出了他的计算器，按下"1÷7"，然后不假思索地说："这太简单了，我们每个人应该得到蛋糕的 0.142857143。"

这很可笑，是吧？谁能想象一个蛋糕的 0.142857143 是一个什么概念呢？

于是，喜欢搞恶作剧的你给了这个自认为计算器能解决一切的呆子一个小小的惩罚。你把这个呆子锁进了柜橱里，让蛋糕的香味透过钥匙孔馋他。当然你也马上意识到 6 个人来分这块蛋糕，显然每人可以分得更多一些。不信的话，你可以用自己的计算器验证一下，看看 1 除以 6 得多少，你会得到一个很长的数字 0.1666666，从数值上看显然要比 7 个人等分这块蛋糕时，每人得的 0.142857143 多，嘿嘿，你可占了大便宜呢！

当 6 个人平分这个蛋糕时，他们每个人将得到这个蛋糕的六分之一（如果你想把六分之一写成数字的话，应记作 1/6）。能想象六分之一的蛋糕看起来像什么样子吗？很简单，你要做的只是把蛋糕切成相等的 6 份。看，变变变！每一份便是蛋糕的六分之一。这有点儿像变魔术，你无须在脑子里处理任何复杂的计算，只是将蛋糕平分，就可以和朋友一起分享你的蛋糕，来庆祝你的生日。而不会为那个用计算器计算出来的数字 0.1666666 而烦恼了！

现在你应该明白了吧？计算器不是万能的，它最大的问题就是不擅长表示分数。

分数的事实

分数是这样的一些数字，它们并不是精确的整数。整数是确切的，比如 1 或 2，或者是 57，还有 193 679 032。如果问你们学校有多少人的时候，你总是会回答一个整数，例如 421，因为你们学校不可能存在半个人或者 1/7 个人。这就是在实际问题中，我们总是把答案化成整数来解答的原因。

当你所谈论的数量比一个整数多一点儿，但又比比它大 1 的整数少一点儿时，分数就出现了。例如，7 个半比 7 个多，但是又不像 8 那样大，那么就用 7.5 或者 $7\frac{1}{2}$ 来表示这个数。

大多数人会把一半写成这样：1/2。但是计算器却不能那样做，因为它们无法完成在一个数字下面写另一个数字的操作，而且中间还要用一条斜线来分隔，计算器只能用"÷"来表示横线的意思，所能做的只是用 2 除 1 来求得答案，其结果是 0.5。这个结果至少还是精确的，并且和分数形式所表达的数值绝对相等。但是聪明的你不会只满足于进行如此简单方便的计算，也许你已经注意到有这样一些分数，即使是用最大的、最高级的计算器也无法绝对准确地显示出它的正确数值。那么在这样的情况下……

最高级的计算器也会束手无策

假定我们需要再次用 6 来等分蛋糕。你的计算器可以同时显示几位数字呢？

如果计算器只能显示 8 位，它将显示：1/6=0.1666666

而某些具有较长屏幕的高级计算器能够显示 12 位数字，它将显示：1/6=0.16666666666。

这两个数哪个更正确呢？听我说，实际上它们哪个都不正确。再假定如果你的计算器有一个非常长的屏幕，可以显示20个数字的话，它将会显示：1/6=

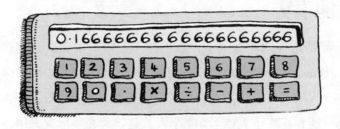

这时它就绝对正确了吗？仍然不是！

于是你耸耸肩，无可奈何，承认即使有能够显示100万位数的计算器，也不必买它。原因有二：

1. 它可放不进你的口袋里哦（除非你穿的是非常古怪的裤子）。

2. 使用显示更多数位的计算器来计算，它仍然不是绝对正确的！

因为当你用6除1时（这也就是计算器所做的事情），在除完整数部分的时候会出现余数（除不尽时剩下的一小部分），你必须再继续用6除这个余数，结果会出现小数点后1位的余数（除不尽剩下的更小的一部分），依次类推……我们发现，这个数没有终结，因为总会有相同的不能除尽的余数存在。

分数的怪物尾巴

在计算器上有一些分数会显示出非常有趣漂亮的规律来，就像是那些数字按特定的节拍跳着优美的圆舞曲一样有趣。让我们把那个呆子从柜橱中放出来，借他的计算器算算下面几道题：

1÷3=　1÷7=　1÷9=　1÷11=

其中相当有趣的一个是1÷7这个算式。如果你有一个屏幕很长的计算器，就会发现答案是这样的：

0.142857142857142857142857142857……

不知你注意到没有，142 857 在这个数中一直反复出现。事实上，计算器显示的答案只能算是个近似值（被按一些规则截断了的数），而真正的答案应该是一个无限循环的小数，是以"142857"为循环节（数字中重复出现的部分）不断循环的无限循环小数。如果真的要把这个小数形式的分数写下来，那可是一个浩大的工程，就像是一条被不断复制增长的蛇形怪兽的尾巴，恐怖的是，它可不会有停下来的时候。

这就是为什么有的时候心算出某些分数形式表达的值要比用计算器计算出小数形式的值更容易一些的原因。

爸爸常常开玩笑说："计算器一定是不擅长'分''数'的，就好像把计算器分成两半，那它可就再也不能工作了！"

报废的计算器能做的 5 件事情

1.用装饰纸把它包起来，看上去就像块巧克力。

2.掏空它，用它做一个小冰块托盘。

3. 把它粘在胸前，假装你是个机器人。

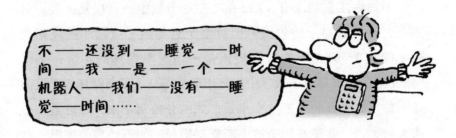

不——还没到——睡觉——时间——我——是——一个——机器人——我们——没有——睡觉——时间……

4. 你还可以在它上面粘一根天线，然后告诉每个人你有了一部新手机。

喂……真的吗？你要我去东区玩？

5. 善良的你可以把电池仓打开借给流浪的蚂蚁居住。

啊，这旅馆看上去好大啊。

当你处理分数的时候，要避免出现像 0.16666 和 0.142857143 这样麻烦的数字的关键就是要保持头脑清醒，思路清晰……总之，清醒的头脑，可以帮你轻松面对一切难题。

樵夫乌尔古姆的难题

樵夫乌尔古姆有 3 个儿子，他们是老大罗伊、老二罗特和老三罗恩。遗憾的是，他没有叫罗斯的女儿。他们的脾气都很不好，甚至有些残暴。

有一天，老乌尔古姆觉得自己已经老了，准备将自己保留的11把斧头分给他那3个已经长大成人的儿子，希望他们能够自食其力。他曾经答应老大罗伊分给他所有斧头的一半，老二罗特可以得到1/4，老三罗恩可以得到1/6。老乌尔古姆想请你帮助他，按照他承诺过的比例分配这些斧头给他的3个儿子…… 小心了，如果你分错了的话，他们可是会要你好看的！

（被锁在柜橱里的那个总是用计算器解决一切的呆子大概会马上取出他的计算器来计算11/6是多少，然后毫不犹豫地告诉罗恩，他将得到1.8333把斧头。当他拿不出老三罗恩应该得到的那一把斧头以外的部分时，认为自己受了骗的罗恩也许会叫他尝尝被斧头砍的滋味）

通过我们前面了解到的，你能看出解决老乌尔古姆的难题需要一个什么样的有趣技巧吗？其实答案巧妙而有趣，你可以帮助老樵夫满足他的愿望。

首先你需要问乌尔古姆能不能再借一把斧头给你。乌尔古姆会对你甜蜜地笑笑，说："没问题，不过你得保证把它还回来，否则……哈，哈，哈！"

加上这一把，斧头的总数变为12把。

老大罗伊应得到所有斧头的一半，也就是12把斧头的一半，它看起来就像这样：12×1/2。这和用2除12是一样的，答案都是6。这样老大罗伊应得到6把斧头……当然在罗伊拿走以前，你要先将另外两个人的也算出来。

老二罗特应得到斧头总数的1/4，也就是用4除12，于是罗特可以得到3把斧头。

老三罗恩应得到斧头总数的1/6，也就是用6除12，于是罗恩可以得到两把斧头。

"好，伙计们，按照算出来的数目把自己的那份拿走吧。"你自信地说。

于是，老大罗伊拿走了 6 把斧头，老二罗特拿走了 3 把，老三罗恩拿走了 2 把。

啊哦！正好还剩下一把斧头。赶快把它还给乌尔古姆，在他得意大笑的时候赶快离开吧。

你能否看出解开这个难题的关键？如果把老乌尔古姆的 3 个儿子被分得的每一个分数加在一起，那么就是：1/2+1/4+1/6……你会发现它并不完全等于 1（而是 11/12）。显然用 11 把斧头是不便于你计算出整数的，于是你借来了另一把斧头，使斧头总数变成 12，这就使这道题变得容易多了，每个分数的分母都可以被 12 整除。

而其中真正要分配给 3 个儿子的只是 12 把斧头中的 11 把，所以不用担心，刚好留下一把，可以还给乌尔古姆。

长 和 短

你知道长意味着什么吗？它是不是和短不同？好，不管你信不信，答案是长和短并没有什么不同。让我们先来看看这个很老的笑话……

一个人去看病，大夫说：

> 我很遗憾，你只能再活4分钟。

> 您就不能为我做点什么吗？

> 好……我可以为你煮一个鸡蛋。

你笑了吗？很好，请你保持笑容4分钟……坚持住……哈哈……哈哈……只是持续笑4分钟……你有没有感觉这4分钟对你来说似乎很漫长？

但有人并不这么认为。

笑话中被医生告知只能活4分钟的病人可不会觉得4分钟是一段很长的时间，医生的玩笑似乎为我们描述了这4分钟的时间只够煮一个鸡蛋。于是我们知道：同样一段时间可以说它长也可以说它短，而对于时间长短的判断，一是取决于在这段时间内发生的是什么事情，二是我们对这些事情感官上的比较。

也许你认为一秒钟很短暂，只是一眨眼的工夫，但是光却可以在 1 秒内传播 300 000 千米。当你手中拿着一枚烧红的硬币时，这 1 秒钟就像有好几个世纪那么漫长。

如果你认为几百年是一段很长的时间，那么去找一块会说话的岩石吧，问问它有多大年纪。你真的去找了吗？如果你真能够在 100 年以内找到那样一块石头，速度也不算慢了。

时间不是唯一令你对长短的概念混淆的事情。一米长的公路很短，但如果你的鼻子有 1 米长，那它就显得太长了。换句话说，你的鼻子越长，那么公路就显得越短，尽管它们同样长！顺便说一句，如果你的鼻子有 1 米长，而你凑巧站在 1 米长的公路旁边，那么要当心，不然的话，会由于你的鼻子导致可怕的交通阻塞。这里还有一个有关"长"的笑话……

至于这个笑话，你就不必不停地笑 4 分钟了，但是它确实挺有趣，希望你会笑。

故事还在继续

"真的吗？"数学家泰格问，"你想让我破译公主的密码吗？"

"当然，你将得到你的第14份报酬，"坎索上校表示同意，"那么它是什么意思？"

"线索在头3个词里面——'请读质数'，"数学家泰格解释说，"你们知道什么是质数吗？"

"当然，弟兄们，谁愿意告诉他？"上校说道，假装他自己知道。

所有的传令兵看上去都有些局促不安。他们宁肯进行行军操练，也不想回答这个问题。

"质数是这样的数，除了它自身和1以外不能被任何别的数整除。"泰格说道。

"答案就是这样。"传令兵异口同声地说。

"他们不知道我在暗示什么，是不是？"数学家问道。

"嗯，除法可不是我们日常军事训练的内容。"上校解释说。

"他们会垒砖吗？"数学家问道。

"我想会，"上校说，"这是他们最喜欢的一种消遣。"

"给每个人不同数目的砖，告诉他们把砖整齐地垒成几摞，既不能高低不平，也尽量不把砖剩下。"

"这能帮助我们解开密码吗？"上校问道。

"最终会，"泰格说，"同时我要给消息中的词编号。"

1	2	3	4	5	6	7	8	9	10	11	12
请	读	质数	大象	救命	你	我	喜欢	冷	香肠	是	不

13	14	15	16	17	18	19	20	21
被囚禁	爱	那些	窗帘	在	绿色的	微积分	不要	等待

22	23	24	25	26	27	28	29	30	31
上	城堡	你好	妈妈	看	那个	鸟	唱歌	被囚禁	公主

32	33	34	35	36	37	38	39	40
龙	约翰	上	你的	跳跃者	拉普拉斯	粉碎	附记	鸡蛋

41	42	43
菱形	烈酒	窗口

"OK，"泰格说，"为理解这个消息，我们只需要读具有质数序号的那些词。"

"那么除法与这有什么关系呢？"上校问。泰格把他拉到一个士兵正在垒砖的地方。

"这个小伙子有 10 块砖，"泰格解释说，"他把它们码成整齐的两摞，每摞 5 块。这意味着你可以把 10 平分成两个 5。10 不是质数。"

"哦！"上校明白了，"那么我们不读'香肠'这个词了。"

"不错，我们跳过它。"泰格说。

"太可惜了，"军士说，"因为我喜欢香肠，你知道……"但是泰格和上校已经走开了。

"这个小伙子一共有 13 块砖。"泰格说。

"他可以把它们码成整齐的 3 摞，每摞 4 块砖。"上校说。

"啊，是，但是他剩下一块砖，所以 13 不能被整除。"

"要是他码成 3 摞，每摞 5 块砖呢？"

"他会发现他还缺 2 块砖。你没办法把 13 块砖平均分成几摞。"

"所以 13 是质数！"上校颇为肯定地说。

"是的，所以'被囚禁'是我们必须要读的一个词。"

"快点儿！"上校催促道，"还有哪些数字是质数？"

"数字 2、3、5、7……"泰格说。

"9 呢？"上校问。

"不是，因为你可以把 9 块砖分成 3 摞，每摞 3 块。11 是下一个质数，然后是 13。"

"让我看看，这个消息是'读质数，救命，我是被囚禁……'，好家伙！"上校激动地说，"这是个紧急事件！"

他冲他英勇的士兵们宣布："特大新闻，弟兄们！我们要去处理一个紧急事件。它极度危险，又十分可怕。生还的希望几乎是零，甚至没有奖赏。"

不知何故，他的部下对他的这股热情反应十分冷漠。

"甚至连香肠也没有？"军士问道。

"没有，很遗憾我们跳过了香肠，"上校实话实说，"可这是多么刺激的一件事啊！"

士兵们想了想，最后决定，还是待在家里垒砖比较刺激。

"嗯，"泰格说，"你们知道微积分城堡在什么地方吗？"

"当然。"上校说。

"好，根据这个消息，拉普拉斯公主被囚禁在那里，在一个有菱形窗户的房间里。"泰格说。

"菱形窗户？"上校追问，"但是我们怎样判断哪一个才是菱形窗户？"

"那你还得再付一笔钱。"泰格说。

休息一会儿……

时 间

时间是这样开始的

时间看不见，摸不着，计量它确实很困难，但是聪明的古代人还是找到了各种方法来计时。最初对于时间的划分，人类是根据太阳的运行规律来确定的。太阳每升起和落下一次之间的时间我们称为一个太阳日，也就是一天；而在两个夏至之间的那段时间是一个太阳年，我们称为一年。

给天起不同的名字

有了"天"和"年"的划分，一些聪明人很快就学会了根据时间来做记录：记录自己每天都做过什么和即将做什么。古代人记事可不像我们把事情写在笔记本上，但他们的记录所保存的时间比笔记本要长得多。如果你到了埃及，会看到古代发生的故事都被用古老的象形文字雕刻在巨大的岩壁上，石壁上的故事就像是被人类保留下来的时间的年轮，几千年后的今天它们仍然清晰可辨。虽然它们不能小巧到可以放进内衣口袋里，但是至少不用担心电池用完或被别人拿走……

"我说希波提，明年你能赏脸和我们一起吃饭吗？"

"让我查一下我的时间表，你想约在什么时候？"

"在某一天。"

"哈！……它们好像都叫做天！"

在古代，请客可不是一件容易的事情，因为你根本说不清请客的时间，这就是为什么人们要更加详细地来划分时间的原因。

于是，古罗马人发明了一个系统，它与我们今天所使用的历法已经非常相近。首先，他们把年分成12个月，甚至现在有些月份的名称仍然是用古罗马皇帝的名字来命名的。比如8月叫"奥古斯特"、7月叫"朱利乌斯"（请注意！也许恺撒可能会很不高兴，因为这使他的名字听起来有点像个女生的名字"朱丽叶"）。

如果我没死，我会再次攻打你们的！

接着，古罗马人又给某月中的某些天起了名字。其中最有名的一个古代日期就是"3月的'埃迪'"，埃迪是3月份中第15天的古罗马名字。这个名字的由来同样和古罗马皇帝恺撒有关。

有一天早晨，恺撒在古罗马城闲逛，一个小伙子跳出来对他大喊："小心3月的埃迪！"

恺撒不解其意，认为这只是一个疯子，但是不幸的是就在3月15日这一天，恺撒被他的政府议员们刺死。对他来说有点儿意外，因为他曾经认为他们都是他最好的朋友。于是，这个月的第15天被罗马人称为"埃迪"。

从那时起，人们开始给每个月中的每一天编号，这样，一年中的每一天很快就有了它自己的数字位置，例如"7月的第24天"

或"10月的第2天"。这使得聚会变得容易了，因为如果你说好在哪一天举行，那么有关的人都会在那一天到来。

天的划分

在太阳升起和太阳落下的过程中，太阳总会在某一个时间到达它所能达到的最高点。这一点发生的时刻有许多名称，像"日中""中午"和"午饭时间"等，但是学术名称应该是"正午"（themeridian）。人们决定把一天分成两半，称为"正午前"和"正午后"。但是，不太完美的一点是他们使用的是拉丁语，拉丁语的"前"是"ante"，拉丁语的"后"是"post"，于是一天就分成"antemeridian"和"postmeridian"，简写就是 a.m. 和 p.m.，也就是"上午"和"下午"。

现在，你就可以在你的记事本里计划最近半天要做的事情了。假定你是一只大绵羊，那么你就可以在你的记事本中这样写道……

　　这么写是可以的，但想象一下给车站打电话，问下一趟开往伦敦的火车什么时间开。如果得到的回答是"下午"，你还是不知道火车什么时候开。要么你坐在那里等几个小时，要么你就可能去得稍微晚了一些，错过了那趟车。除非你是那只大绵羊（或者是车站上的工作人员），不然，时间对于我们来说需要更精确才行。

　　于是，一天被分成 24 小时，我们把这 24 小时分成 2 个 12 小时，并用 1 至 12 的数字来编号。这意味着午前（半夜到中午）有 12 个小时，午后（从中午到半夜）也有 12 个小时。这对各种人都有帮助，例如牧师可以安排一天中他的布道时间；水手可以知道何时瞭望，何时休息。

　　选择"24"这个数字看上去好像有些偶然，但是至少它能被精确整齐地分成一半、4 等份、3 等份和 6 等份。如果把一天分成 23 个小时的话可就太痛苦了。想象一下，那样钟表的表面会是什么样子！

　　划分出了小时好像已经很方便人们来安排自己的时间了，但是不幸的是人们还是十分挑剔，不，也许应该说人们对待时间越来越严格……

48

显然，光有小时的划分是很不够的，人们好像越来越需要精确的时间来安排自己的活动而不必浪费一去不复返的光阴。

于是人们又把每一小时分成60分钟。60是另一个很巧妙的数字，因为它可以精确而整齐地被分成各种小的份额，例如一半、3等份、4等份、5等份、6等份、10等份……

当然，人们还想做得更好一些，又把每一分钟分成60秒，对我们大多数人来说，秒就是我们需要考虑的最小的时间单位。

我刚才比我的最高纪录少用了0.00037秒！

你打算和你的纪录拥抱吗？

请柬上的时间

虽然有了年、月、日、小时、分和秒，但并不等于你在任何时候都必须把它们全部用上。假定这天是你的生日，你发出像下面这样的请柬：

可能出现下列两种情形……

1. 所有的人都在晚 7 点 28 分 12 秒一起拥到你的客厅里。

2. 他们认为你有点儿怪而决定干脆不来了。

当然, 1 秒钟的时间太短暂了, 在你的生日请柬上不必考虑, 此时可以把它舍去。几分钟也不是什么大事, 所以只需说七点半, 或者 7 :30。另一方面, 年跨越的时间很长, 通常大家都知道你说的是哪一年, 如果不特别指出的话就是指今年, 所以在你的生日请柬上可以不必提到它。

当你舍去这些额外的细节后, 你会发现在你的请柬上可以写一些更重要的话:

我的生日宴会请柬

请 于 1999 年 5 月 15 日晚 7 点 30 分出席我的聚会。

不要忘记给我带贵重的礼物哦!

而有一些事件, 确实需要非常精确地记录它们的时间。天文学家也许在这方面最为擅长。他们经年累月地坐在计算机和图表

旁边，然后骄傲地告诉你，在 2167 年 1 月 5 日早晨 4 点 08 分 19
秒将会发生日全食。有趣的是，天文学家往往对于其他时间细节
却显得格外马虎，就像：

计 时 器

钟表能够测量时间，并且帮助你解答下面的某个问题：

1. 现在几点了？

2. 某件事情发生了多长时间？

当你在问"现在几点了"时你实际是在问绝对时间！听起来是不是很酷？对于绝对时间，知道什么是绝对时间的人会告诉你像"3点10分"这样的回答。

当你在问某件事情发生了多长时间，例如"汤姆叔叔洗澡用了多长时间"时，这就是相对时间了！那么你将得到像"23分01秒"这样的回答。相对时间不会告诉你汤姆叔叔什么时间洗的澡，你只能知道他洗澡用了多长时间。

时间的计量

这里有一个了解绝对时间的最好例子……

唯一不会显示错误时间的计量仪器是"日晷"。"日晷"的本义是指太阳的影子，它是人们专门发明出的一种利用日影的变化来计时的仪器，"日晷"的结构很简单，在一个圆形石盘中心垂直插一根指针，人们可以通过观察指针投影的变化，来计量白天的时间。当太阳东升西落横跨

天空运动时，日晷中心的指针会产生一个阴影，通过阴影指向石盘不同的位置来划分时间（当然，如果是阴天，那就什么也显示不出来，但至少它从不会显示错误的时间）。

你也许会说有一个钟就什么都知道了，为什么还要去用笨重的日晷来看时间呢？但是请想一想：假定你有一个钟，它停了，那么当你重新启动它的时候，怎样才能知道该如何设定它的当前时间呢？有下面几种可供选择的办法：

1. 看一下其他钟表上的时间。

2. 打开电视，看看有没有显示时间。

3. 打电话给报时服务台。

4. 到外面去，找一个日晷，等太阳出来看看是几点。

当然，方法1、2和3都能很精确地给出最接近的分甚至秒的时间。而标准的小日晷只能给出大约15分钟以内的时间。

然而……假定世界上突然全部停电，所有的机械钟表和电子钟表也都坏了，就像回到古代一样，那么哪一种是唯一能告诉你时间的方法？对了，就是古老的日晷！它也许不能精确到1秒的几分之一，但是它将在以后的几百万年里继续工作。

这就是日晷比其他钟表要特殊的原因。所有其他的钟表只能表示它自从设定运转之后过去了多长时间。即使世界上最贵重的钟表也只能告诉你，它自从运转以后到现在有多久。从启动时开始，它所做的就是一秒一秒地计数，告诉你时间过得有多快。

古代的时钟

非常古老的钟不考虑分或者秒，它们只粗略地显示小时。常常被提到的钟表有下面几种不同的类型……

摆 钟

现在不少地方仍然有一些这种晃来晃去的老古董，它们很是神奇。第一个摆钟是在 600 年以前被制造出来的，用了大约 1/4 吨的重物做动力！它们没有分针，事实上，其中一些甚至没有时针，它们只会在每过一小时的时候鸣钟报时。

蜡 烛 钟

人们曾经使用过上面刻有条纹的长蜡烛。随着蜡烛的燃烧，它会逐渐到达那些刻度，告诉人们已经过去了多长时间。在过去的教堂中蜡烛钟经常被用来告诉牧师什么时候开始晚间祈祷。

绳索钟

这是古代中国人发明的一种类似于蜡烛钟的变体，他们点燃在相同距离上系有绳结的绳索的一端，让它慢慢燃烧。用燃烧后绳索的尺寸来计量时间。

沙漏

沙子从玻璃容器的顶部慢慢漏到底部，就像蜡烛钟一样，你必须知道是从什么时间开始的，然后通过沙子落下的量估计过去了多少时间。

水钟（或漏壶）

这是最聪明的一种沙漏，不过是用水来代替沙子，容器内的水面随着水的流出而下降，据此测出过去了多少时间。它们由各种附加的管线和灵巧的装置组合成一个完整系统来显示时间。

钟有多精确

早期的时钟能大致表示正确的时间，但在 400 年前钟摆的发明，使得时间的计量更加精确。起初这种类型的钟是被装在高大的木盒子里，被叫作"落地式大摆钟"。摆钟要比早期的钟记时准，因为摆上的重锤可以上下移动来调整钟的快慢。

　　弹簧平衡轮的出现，对钟表的制作特别有用。如果你有机会看一下发条表的内部，就会看见一个带有卷曲的弹簧的中空轮在前后摆动。它和用于大型钟的钟摆起到同样的作用。现在人们随处可见"石英"表或"石英"钟。石英是一种晶体，也就是我们常说的水晶。石英表也可以叫做"水晶振动式电子表"，当水晶接受到外部的电压，就会产生变形；相反，压缩水晶会使水晶两端产生电力；石英的此种性质称为"压电效应"。石英表在装上电池后会发出周期性有规律的电脉冲，通过计数脉冲的振动次数来一分一秒地记录不断逝去的光阴。（石英晶体其实是像钟摆一样地在工作，只是要比钟摆的速度快 100 000 倍！）

　　最精确的钟还是要算原子钟，它们和石英钟很相似。但是不同的是，它们计量的是一种特殊原子的振动次数。原子钟更加精确，它们甚至比地球转动还要精确！科学家曾经使用这种钟算出：某些天，地球转动所用的时间比其他天要多出 1/5000 秒。（你肯定会禁不住问，科学家有时真的没有别的更好的事情可干了吗）

56

钟表如何显示时间

钟表有两种主要的显示时间的形式……

▶ 看老式钟表盘上的指针（时针，分针，秒针）所处的位置

▶ 显示一行按照特定格式表达的数字（小时：分钟：秒）

钟表使用的是哪一种表达方式并不重要，它们告诉你的时间应该是同样的。

钟表通常不会告诉你是上午还是下午，因为这太明显了。比如，钟如果显示两点半，天又是黑的，那么你将相当肯定地说，现在是夜间两点半。老式钟面上最重要的是时针（它通常最短）。时针在一天中两次转过钟面上的所有数字。如果钟表只有一根时针，那么你只能知道现在是一天中的哪一小时。

只有一根时针的钟显示现在只有1点多，没多大用

只有时针和分针的钟显示现在的时间大约是1点28分，比较有用

带有秒针的钟显示现在的时间是1点28分46秒，非常有用

带有许多许多针的钟，完全没用

当你的钟另外还有一根分针时，你便可以知道现在是这一小时的多少分。同样，有秒针的钟，时间对你而言划分得更加精细，因为你知道离下一分钟还有多长时间。如果一个钟有秒针，那么你就能一下子找到它，因为它总在动（其他的针也在动，但由于特别慢，所以看上去不是那么明显）。

如果你认为秒针是最有用的，因为它是最为精确的，那么请看这个：

只有秒针的钟，对报时来说没一点儿用

虽然只有秒针的钟无法显示绝对时间，但是秒表可以帮助你测量相对时间。假定你想知道在楼梯上跑一个来回用了多长时间，那么秒针将确切显示你用了多少秒。显然用日晷在这件事上可帮不上你。

数字钟和老式钟都是以完全同样的方式工作的，只是在显示时间的方式上有所不同。

小时 ： 分 ： 秒

如果数字钟只显示两个数字，那么它就像只有时针和分针的钟；如果它有3个数字，那么最后一个数字则表示这一分钟已经过去了多少秒。

观看数字钟时有两点稍微复杂一些：

1. 如果表示分的指针走过多于30分的时候，那么你可以以两种方式来描述时间。在第 58 页下面的图中，你可以说时间是 "9 点 54 分"，当然也可以更简洁地说 "差 6 分 10 点"。

2. 数字钟常常是以 "24 小时" 显示（火车站的钟永远是 24 小时显示）。24 小时的显示方式不会明确地告诉你现在是上午还是下午。如果你看到的时间是 17：21，不必大惊小怪。如果小时数大于 12，表示时间已经到了下午。你只要把小时数减去 12 就是现在的时间。显示 17：21 的钟就在告诉你现在的时间是下午 5 点 21 分。

福尔摩斯和公爵夫人的宝石

"我的宝石？！" 公爵夫人号啕大哭道，"它们本来在我梳妆台上的小盒子里，但是，现在没有了！"

"嗯！" 名侦探福尔摩斯用鹰一样的眼睛看了看屋子四周说，"小偷似乎有点儿发慌，把你的钟碰到地板上了。"

"是哪个没心肝的打坏了我的钟？" 公爵夫人哭泣着说，"可这又有什么用？"

"实际上这对案情很有帮助，" 福尔摩斯说，"掉到地板上以后，它的指针就不再走动，所以现在它所显示的时间就是罪犯作案的时间。"

60

"我想问问，这个下午谁可能有机会溜进你的房间呢？"福尔摩斯问。

"这座房子里的任何人都有可能！"公爵夫人气呼呼地说，"哦，天哪！他们可能还看见了我晾在暖气上的内裤。"

福尔摩斯环视一圈，果然看见镶褶边的粉红色饰带在暖气上冒着蒸汽。公爵夫人是对的，这事儿确实不能提。

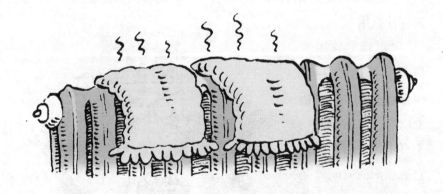

福尔摩斯提出希望能见见这些可能进入房间的人，于是，公爵夫人家所有的家庭成员以及曾在作案时间来访的人都被召集到书房，一位穿制服的警官在门口把守着。

"我要知道你们今天下午都做了些什么。"福尔摩斯说。

"我与米莉在草坪上做雏菊花链,"普利姆罗丝·波派特讪笑着说,"那时我们听到杜鹃鸟自鸣钟响了 5 下,它叫得还真是好听……"

"那个钟报时总是快 15 分钟……"格鲁特上校咕哝着说。

"你那时在哪儿,上校?"福尔摩斯转过身来问上校。

"我当时正在小屋里擦我的猎枪,"上校回答,"结果布卡住了扳机,太吓人了,'砰'的一声,我差点儿晕过去,那时我看了看我的怀表,正好是 14 点 46 分。当时肯定有人听见了。"

"原来那是你弄出来的响声呀,"罗德尼·波德勒偷笑着说,"你这个蠢材。"

"准确地说，你在哪儿，先生？"福尔摩斯问道。

"哦？你不会怀疑是我吧？"罗德尼不屑一顾地回答，"我当时正和牧师玩牌，你可以问他。"

"那时是几点？"福尔摩斯问道。

"当时我看我的黄金钻石表，大约是 5 点差一刻，"罗德尼轻蔑地说，"顺便说一句，不要再浪费我们的时间了。我说就是男管家干的。"

"对，你也快说说……"上校咕哝着说。

"我今天下午不在家里，"男管家克劳克悄声说，"我带我的妹妹去车站了，我把她送上了 14∶46 的火车才回来的。"

"好了，你们之中有一个人下午溜到公爵夫人房间里干了一件非常丢脸的事情，"福尔摩斯说，"而且不只那件事，他还看见公爵夫人晾在暖气上的绿色内裤。"

"绿的？明明是粉红色的！"一个声音说。

"哈！"福尔摩斯胜利地叫起来，"我想就是你！警官，请逮捕那个小偷！"

你能说出在时间上是谁给出了错误的不在犯罪现场的证明吗？

答案

如果上校的 24 小时钟显示 14∶46 时他实际上正在擦枪，那么这比盗窃案发生早了两个小时。上校给出了错误的不在犯罪现场的证明，表明他自己是看见内裤的小偷。

小技巧：怎样测试你的计算器

做做这道计算题：

12345679×9＝（看清楚这里可没有 8）

看看你会得到什么结果！你的计算器是否性能优良，将一目了然。

寻求正确的角度

"不，不，不！"阿鲍特叫道，"那些书不行！"

"怎么了？"修道士说。

"看，这些书角的角度不对！"

"角度是什么？"修道士问道。

"是描述角有多大的一种方式，"阿鲍特说，"那些角不是太大就是太小。这些书码放在一起，不能摆成整齐的一排，它们会伸到书架外面。看，书应该是这个样子，所有的角都应该一样的。"

"正确地说这本书的所有角都应该是直角！"

许多其他的角

这个非常愚蠢的故事解释了什么是直角。直角是非常优美的方角。如果一个角特别尖，那么它是锐角，而如果它不够尖，那么它可能是钝角。甚至还有从里翻到外的角：优角。

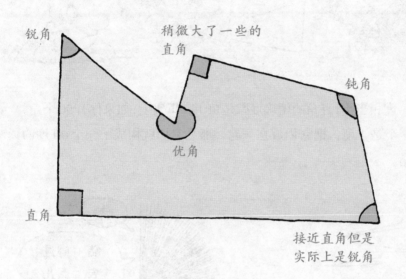

记住哪一个是锐角并不困难。想象一个非常非常非常尖锐的角……像一个针尖。它应该相当锐利，对不？当然，我们也会形容一个人思维敏锐（这并不是指他的思维锐利得能割破你的手指，而是说他有一个精明的大脑）。

关于角度有一点很容易把人们搞糊涂，这就是它们的测量单位是"度"。把它们叫作度之所以有问题，是因为天气预报也使用"度"来说天气有多热。也许是因为第一个开始测量角的人叫度先生，他想出名吧。不管怎样，如果角要用"弯曲"或者"旋转"来做单位要好得多。你甚至可以用你的名字，这肯定比说"度"更不容易混淆。这也能使这位数学老师不再开像下面这种可怜的玩笑……

度相当小,直角的精确度数是90度。事实上,如果你有90个角,每一个是1度,把它们放在一起,那么它们就构成了一个90度的直角。

一些非常小的角

90个1度的角放在一起

角的相加

可是,当你把两个直角放在一起时会出现什么?

两个90度角　　　　　两个90度角放在一起

你得到一条直线！事实上，如果你想更聪明一些，那么你可以告诉人们说，直线实际上是一个 180 度的角（老是念度很麻烦，所以后来人们通常用"。"来代替度）。

180° 是一个非常有趣的数字。三角形有 3 个角，这些角的角度加起来总是 180° 。你可以不用做任何讨厌的计算就能证明这一事实。你所需要的只是一些纸和一把剪刀。

1. 从纸上剪下一个三角形。任何形状的三角形都可以，但是它的边要直。

2. 撕下三角形的 3 个角。

3. 把它们像这样拼在一起。

4. 看！沿底部有一条直线，直线是 180°，所以三个角加在一起是 180°。

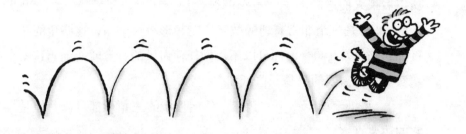

（顺便说一下，你仍在等着看用加农炮为何打不中你吗？好，你一会儿就会明白了。不过，那时可千万不要去放任何炮）

所以不管怎样，现在你知道三角形内角的和是 180°。那么正方形呢？看这本书，它方方正正，但是主要的事情是要注意它有 4 个角和 4 条边（平面图形总是有同样数目的角和边）。如果一个形状有 4 条直边，那么它们的角加起来是两个 180°，也就是 360°。这意味着什么呢？好，重复上面三角形的实验……剪一个有 4 条直边的形状（如果你愿意，你只需要剪一个三角形，然后再剪去一个角）。把角撕下来，然后把它们拼在一起。会发生什么？你应该得到像这样的东西：

它们能完全对起来，中间不留空隙！甚至你剪一个具有优角形状的图形，结果也是一样。

事实上一个图形有几个角没关系，你可以很容易地发现这些角加起来是多少。把这个图形的角用直线连接，把它分成几个三角形。（不要画任何交叉的线）

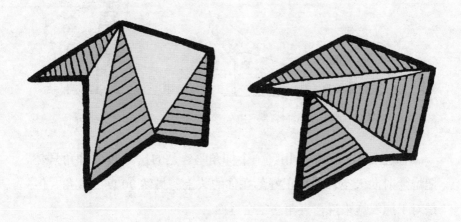

看有 7 个角的图形。你会发现有两种不同的方式把它分成三角形，不过每一次都有 5 个。因为一个三角形内角的和是 180°，所以在这种情况下 5 个三角形总共有 5×180°（得 900°），这正是七边形中的角加起来的数目。当然，如果你嫌把多边形分成三角形麻烦的话，那么你只需要数有几个角，减去 2，再用 180° 乘，就会得出答案。

加农炮问题

好，好，不过这与加农炮有什么关系？注意，当你放炮时，首先要设定炮管的仰角，这是说在空中射得有多远的一种时髦说法。仰角用度测量。零度仰角意味着炮弹沿地面发射。下面是一些仰角：

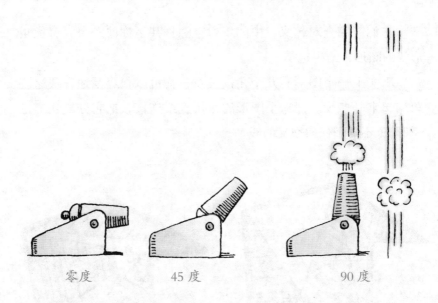

零度　　　　　45 度　　　　　　　90 度

你能看出永远不会用哪一个仰角吗？是的，90 度的仰角只是把炮弹射向天空，然后正好落在你的头上。虽然 90 度叫直角，但是对于加农炮来说，直角注定会返回。

干吗大惊小怪？

古典戏法

▶ 写下任何一个 3 位数。3 个数字一定要不同。

我写了。

671

▶ 以另一种排列方式再次写这个数字。

它变成……

176

▶ 用大一点的数减去小一点的数。

容易！

671–176=495

▶ 把这个答案用反序写出来。

得到……

594

▶ 把这两个数加在一起。

于是，495+594 =

▶ 答案是 1089！

1089

哟，你怎么知道的？

如果你想对你的朋友试一下这个戏法，在开始前你把"1089"写在纸上，反扣在桌子上。不管他们选择哪3个数字开始，当你给他们显示答案时他们一定会惊奇不已！

警告：这一答案偶尔会是198。万一出现这种情况，告诉你的朋友把这一答案再次倒写（891），再把这两个数相加，又得到1089！

数学奇才

你怎样从普通人中发现具有超级智慧的数学天才呢？

下面是一些从外表行为上能认出他们的小提示：

▶ 当他们看电话号码簿时，他们的嘴角常常会流口水。

▶ 通常他们的一只裤脚会不经意地塞在袜子里面。

▶ 他们看上去像是戴着假发，尽管那是真的头发。

▶ 他们永远不明白逗人的笑话，但总会对不可思议的事情发笑，像家具、地图和洗发液瓶子。

▶ 他们的脸颊上粘有昨天的饭粒。

▶ 他们聚精会神地盯着电视屏幕，而电视机却根本没开。

▶ 他们穿着褐色的绒面布鞋，却系黑色鞋带。

是的，数学家们往往是在无意中表现出这些迹象的，不过他们并不总是这样。事实上，在过去的 5000 年里，历史上一些很酷的人中有不少都是数学家。

德鲁伊教牧师

古代的人很容易相信有点儿小聪明的人。古代季节的变更和月亮的相位对于多数从事农耕的人来讲非常重要，所以假如你能预言什么时候冬天到来，或者更厉害一些，能预测什么时候会发生月食，那么你将会得到他们的崇拜。

大约在 5000 年以前，一种像巨石阵一样的奇怪结构被建造出来，有一种理论说它们是为了帮助当时的数学家预测那些古代令人费解的事情而建造的。让人惊奇的是这些数学家在当时会被看做是具有强大魔幻能量的魔术师或者懂得巫术的巫师，人们对他们十分崇拜，并敬畏有加。而他们更是会利用人们的崇拜心理向太阳和月亮供奉祭品，在形式上向上天求得验证…… 那时候，即使数学家们做错了事情，他们也会因为人们赋予的特权而不会被惩罚。

泰利斯

在古希腊，数学就像今天的摇滚乐或某种体育运动那样普及，人们常常通过激烈的争论来证明和发展数学的基础理论。大约在公元前 550 年，橄榄油大亨泰利斯由于证明了一些基本定理而在数学史上成为一位名人。这是不是就意味着他是那种枯燥乏味的书呆子呢？并不尽然 …… 有一次，为了庆祝他的一个新发现，他为上帝供奉了一头公牛！可怜的公牛因为泰利斯发现了半圆上的任何角（见图）都是直角这个定理的缘故就被送去见了上帝。

毕达哥拉斯

毕达哥拉斯在泰利斯的理论基础上，和那些同样崇拜数学的信徒们创立了一个数学宗教。他们为弟子立了很多规矩，其中的一条就是永远不要吃豆子！

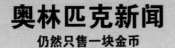

奥林匹克新闻
仍然只售一块金币

呸，真卑鄙！

今天公布对奥林匹克冠军法塔克莱斯的随机豆试验显示阳性，事后他承认吃了 8 盘，让他不用竹竿就打破了世界撑杆跳的最高纪录。

毕达哥拉斯号召全面禁豆

昨天的法塔克莱斯

毕达哥拉斯做了许多聪明的事情，包括如何使音乐作品产生和弦，但是他的最大的发现是证明了……

看看下面的图，你会更容易理解这是怎么一回事。

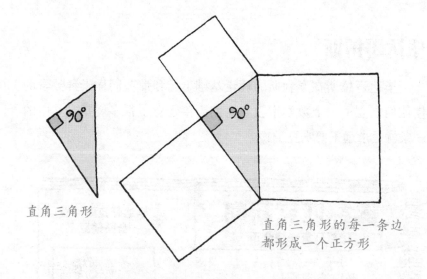

直角三角形

直角三角形的每一条边都形成一个正方形

直角三角形是一个角是直角（90°）的任意三角形，"斜边"是最长的边，它总是对着直角。

如果把三角形的每一边都形成一个正方形，毕达哥拉斯说的就是两个小正方形的总面积等于大正方形的面积。听起来不好理解，是吗？你一定不会相信这个定律一直在帮助人们建筑桥梁和摩天大楼等各种建筑，它甚至可以用来标画运动场上的各种标记。

毕达哥拉斯和他的追随者们对数字的痴迷已经到达狂热的地步，以至于他们都变得有点傻乎乎的。他们曾经认为所有的偶数都是女性，而所有的奇数都是男性，除了数字"1"以外，因为它被认为是所有数字的父亲和母亲……

但当发现用精确整数不能解决某些问题时，他们变得很偏执，甚至会不承认那是真的……

数学家之间的战争

很难相信，这里也有战争，是不是？但是人们常常会各持己见，为了确定谁发现了最好的理论和最有效的证明方法而不停地辩论，甚至大打出手。

　　因为毕达哥拉斯和他的伙伴们是如此聪明，因此一些像埃里亚的其他人，常常会找毕达哥拉斯的"麻烦"。他们找出那些用毕达哥拉斯的理论和方法解决不了的复杂问题，试图向毕达哥拉斯一派提出数学理论上的挑战。在埃里亚队，最擅长这方面的主将是泽诺，他常常会提出一些悖论。而他的这些理论看上去似乎没有任何破绽，但是实际上他所作的假设都是现实中不可能做到的事情。

泽诺的关于和乌龟赛跑的悖论

　　一个人跑得要比乌龟快 10 倍。然而，如果乌龟先跑 1 千米，那么人永远追不上它！想一下……

　　人追上了 1 千米……但是乌龟同时又向前移动 1/10 千米，所以乌龟仍然在人前面 1/10 千米。

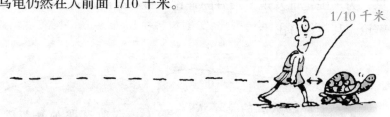

　　然后人追赶了另外的 1/10 千米……但是乌龟又向前移动了一点儿。

人又跑了这一点儿，但是当他跑这又一点儿时，乌龟又向前移动一点点儿……依此类推！即使他们之间的距离非常非常小，人也永远不会正好追上乌龟。

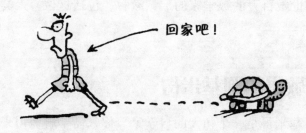

回家吧！

当然，我们知道人怎么可能追不上乌龟呢？但这却很难得到证明！

欧几里得

智者之间辩论的目的是使他们自己的思维更加深刻，想得更深，分析得更透彻，同时也会使那些参与辩论、跟着思考的人或者实践辩论成果的人变得更为智慧。大约公元前 300 年，另一个名叫欧几里得的希腊人收集了古代数学家发现的所有的证明和定理，写了一本书叫《几何原本》，它后来成为世界上最著名的书之一。

欧几里得自己也是毕达哥拉斯的信徒，他自己创立了一些定理，包括完成了一个相当需要技巧的证明——"质数无限"。欧几里得的《几何原本》包含了数学中值得了解的所有基础知识，它成为后世数百万的数学家的启蒙教材，包括这位，人类历史上的科学巨匠——

令人敬畏的阿基米得

阿基米得是一个伟大的科学家。你只需了解他用来做研究所使用的工具只是铅笔、直尺、算盘和他的头脑，就知道他多么有才华了。当时甚至还没有发明方便记录数字和进行计算的十进数制！下面只是他所发明的几个小物件。

巨大的杠杆系统

这一系统如此有威力，以至他的家乡，西西里的塞拉库斯，曾经使用这一系统成功击沉了罗马人入侵的船只！阿基米得意识到杠杆系统的作用力是如此强大，以至他宣称："给我一个支点，我将撬动地球。"

阿基米得螺旋

这有点像螺旋管，它在旋转时能使水顺试管向上流！

沙计算表

一种百万数字系统。在阿基米得时代，还没有书写大数字的好方法，所以他发明了这种计算表。这

是基于 1 万的方法。他称 1 万个 1 万（1 亿）为第一级数。然后他把 1 亿自乘 14 亿次（这将得到一个非常巨大的数），然后再把那个数字自乘 1 亿次。如果你想把答案写下来，那么你需要在 1 后面写 80 万亿个零！阿基米得说这个数字"非常适当"。

大弹弓

塞拉库斯军队还使用这些大弹弓击退过入侵者。

太阳射线枪

传说阿基米得设计一组镜子，这组镜子能够把太阳的射线对准敌人的船只聚焦，从而使船只起火。

浴盆中的灵机一动

虽然他有许多卓越的成就，但是最广为人知的还是阿基米得跳出浴盆，光着身子跑到街上大喊"优利卡"的故事。

其实"优利卡"的意思是"我发现了",不过他发现了什么?还记得在本书一开始让你在浴盆里放满水后进入浴盆的事情吗?对,这就是来源于那个故事。

相传国王让工匠替他做了一顶纯金的王冠,做好后,国王疑心工匠在金冠中掺了假,就请阿基米得来检验。一天,他坐进澡盆里洗澡时,看到水往外溢,同时感到身体被轻轻托起。他突然悟出利用排水量来确定金冠比重的办法。

他把王冠和同等重量的纯金放在盛满水的两个盆里,发现放王冠的盆里溢出来的水比另一盆多。这就说明王冠的体积比相同重量的纯金的体积大,所以证明了王冠里掺进了其他比金轻的金属。

这次试验的意义远远大过查出金匠欺骗国王这一事实,阿基米得从中发现了浮力定律:物体在液体中所获得的浮力,等于他

所排出液体的重量。一直到现代，人们还在利用这个原理计算物体比重和测定船舶载重量……如果他没有进浴盆，而是去洗淋浴，也许我们永远都不会知道怎样设计远洋货轮和潜艇了。

工作

球的胜利

最令阿基米得引以自豪的发明不是他的强大的弹弓或者其他的灵巧工程机械，而是这个要命的小等式：

$$V_s = 4\pi r^3/3$$

这个等式告诉你如何精确计算球的体积。球是像珠子一样的圆形。等式中的小"r"是球的半径，半径是从球中心到边缘的距离。滑稽的小符号"π"叫"派"，大约等于 $3\frac{1}{7}$。

阿基米得花了很多精力来证明球的体积正好等于它所能放入的最小圆柱的体积的 2/3。或者换句话说，如果你有一个实心球，它刚好能放入一个上盖打开的罐子里，那么这个球的体积正好是这个罐子空间的 2/3。

83

他对他的这一发现十分骄傲，以至他吩咐他的家人在他死后把一个球放在圆柱中的图案刻在他的墓碑上。

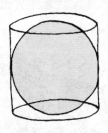

尽管阿基米得用很多办法，包括那些奇特的作战机器来保卫着他的家乡，但是古罗马人还是趁着他们在庆祝胜利的一个夜晚偷袭成功。城里许多人都被杀害，古罗马将军马赛罗斯由于敬佩阿基米得的才华而颁布了一道特殊的命令，不准伤害75岁的阿基米得。当时，阿基米得正蹲在沙地上和他的数学难题奋战（当时没有纸），进来搜查的古罗马士兵挡住了他的图形，阿基米得生气地说："滚开一点儿，蠢东西，别把我的图弄乱了！"糟老头惹火了罗马士兵，士兵们杀了他……

希腊数学家的悲惨命运

虽然阿基米得居住在西西里，并在埃及接受的教育，但他实际上是希腊人。在他死后，古罗马人接管了希腊政权，开始禁止数学，因为在当时，数学过于流行。一些喜欢数学的人，得不到更多的鼓励。

所以，如果你把30个基督徒扔给7只狮子，那么你会剩下几个？

我一直对海帕蒂娅说，你这样会惹恼基督教会的。

他们中间有一位聪明绝顶的女数学家，叫海帕蒂娅，大约公元400年时她的演讲吸引了大量的听众。

可悲的是基督教为了用宗教来约束人们的思想行为，排斥一切科学的理论，他们认为她是一个异教徒，竭力阻止民众对她的崇拜。于是她被从讲坛上拉下来，拖进了教堂，在那里对她实行了残酷的刑罚——"她的肌肉被锋利的贝壳从骨头上刮下来，她的颤抖的肋骨被放到火上烤"。

你可能永远也不会想到作为一名坚持真理的数学家需要付出这样的代价！

数学黑手党

我们最后要提到的一位古希腊数学家是丢番图，他有一个绰号叫"代数之父"。代数是解开数学谜题的一种特殊的方法，这些难题中有一个或者几个未知的数需要你计算。这些未知的数通常用字母来表示（字母 x 最为常用）。有些相当简单，而有些则难得要死。

这里是一些代数方程，它们有不同的名字。不用害怕！你不一定要解出它们，除非你是非解它们不可的。

嗯…… 嗯……
嗯…… 嗯……
嗯…… ★

★不用谢我，我只是喜欢嚼鼻涕虫。

▶ 非常简单的代数方程：$x = 6 + 2$

这是一个线性方程。你能看出 x 等于 8 吗？相当简单吧！

▶ 稍微难一点儿：$2x^2 + 3x = 27$

x^2 意味着这是一个二次方程。

▶ 更难一些：$5x^3 + 7x^2 + 2x = -16$

x^3 意味着这是一个三次方程。

86

▶ 天啊！$3x^4 - 5x^3 + 9x^2 + 2x = 43$

x^4 意味着这是一个四次方程。

▶ 更要命的：$3x^5 + 41x^4 - 2x^3 - x^2 + 7x = 3$

x^5 意味着什么呢？"糟糕，我会被吓晕的！"

啊！

　　丢番图死后的1000多年里，代数的运算方法开始在意大利真正得到普及。一些像杀手、赌徒这样相当危险的人物，也对解决越来越难的代数谜题产生了兴趣。他们经常举行竞赛来显示他们有多聪明，并且下巨大的赌注来赌谁能解决这些谜题——就像今天的拳击比赛一样。

好，我们先从线性方程开始，然后用二次和三次方程轮番攻击他。

　　有一次，比赛是在一个叫费尔和另一个绰号叫"塔尔塔格里亚"的人之间进行的，"塔尔塔格里亚"的意思是"口吃者"。（真的很难想象：当他还是一个孩子时，有人用剑刺穿了他的上嘴唇）他们互相递给对方一些很难的题要求对方给出答案。结果，塔尔塔格里亚获胜。他不但拿走了那笔钱，还发现了解决这一类型难题（三次方程）的方法。

　　在这之后不久，一个神秘人物基罗拉马找到了他。基罗拉马是一个占星学家、医生、作者、赌徒、罗马教皇的朋友和黑手党的教父。基罗拉马很有礼貌地说服塔尔塔格里亚公布他的计算方法。于是基罗拉马在得到塔尔塔格里亚的许可后，立即将这种方法收录到他出版的一本书里。这本书还收入了由罗多维柯·法拉利发明的求解更难的同次多项式方程的方法。

懦弱的数学家

到目前为止，我们所涉及的数学家中有的很坚强，有的举止怪异，也有的兼而有之。直到碰到罗多维柯·法拉利，这位找到解决同次多项式方程方法的数学家。

单是理解同次多项式方程已经很不容易，而要求出它的解更是难上加难。你也许会想象罗多维柯是一个总和他的姑妈去商店，长着杂乱胡须，胆子小小的小伙子。不是哦！罗多维柯经常酗酒、赌博、打架斗殴，最后还被他自己的妹妹囚禁到死。

罗多维柯最后的话：

我认为 *!3@*3@ 能通过有趣的测验。

古怪的数学家

还有其他一些古怪的著名数学家。你听说过一本叫《爱丽斯历险记》的童话书吗？此书非常生动有趣，但有点儿奇怪的是这本书是一位自称为"列维士·卡罗尔"的人写的，他的真名是查理斯·道格森，是来自牛津的数学家。他曾经专修逻辑学，于100多年前去世。（也许你听过"哈特的疯狂茶壶"，或者"半斤八

两"，还有"哈特的女王"，她一边与火烈鸟玩槌球游戏，一边喊"别碰她的头"。这些都是列维士·卡罗尔创造出来的人物呢）

你知道法国少年埃瓦里斯特·卡罗易斯吗？在他 20 岁那年，临死前潦草地写下了一些他正在思考的代数定理，而在好多年以后人们才意识到他是一位如此出色的数学奇才。然而，在他上学的时候，他曾经不及格，打过老师，还因为威胁国王而被监禁。1832 年，他为了一个女人在决斗中被杀死……一位被谋杀的年轻数学家！

数学界古怪的人层出不穷（像那位坐在火车上全神贯注进行思考而忘了何时下车的美国教授），但是要把他们全部都列出来会使这本书不知所云的，所以让我们还是赶快做点儿别的吧。

继续救援

同时，在微积分城堡正在发生着可怕的事情。拉普拉斯公主被囚禁在高高的塔楼上，并且被强迫数无穷的数。事情很是糟糕……

"三亿三千九百四十二万八千九百五十九，三亿三千九百四十二万八千九百六十，三亿三千九百四十二万八千九百六十一……"

可怜的公主，她被吓坏了。而城堡外，英勇的传令兵们正在面无表情地四处张望。

"我们能听到她的声音，"军士说，"但是不知道这声音是从哪里来的。"

"那条消息说是一个菱形窗户。"上校说。

"是哪一个呢？"军士说，"它们的形状都不一样。"

他们都回过身来看着泰格。

"你肯定能付得起第15笔钱吗？"他问道。

"当然，不过是几个便士嘛，伙计！"上校说。

"好极了，"泰格说，"菱形是具有4条相等长度的边的形状。"

士兵们都转过身来检查窗户。

"你是说正方形？"上校看着塔楼底部的一个大窗户说，"它的4条边的长度相等。"

"是的，正方形是菱形的一种，"泰格承认。但是还没等他继续说下去，上校已经转过身，对着他的士兵喊道："就这个，弟兄们！营救行动开始！"

所有的传令兵齐声呐喊，他们猛冲到大方窗户跟前。

"啊！"他们被一股强大的微积分流击倒，一个个叫苦不迭。

你知道，微积分可是人们发明出来的最要命的东西。

"魔鬼！"上校说，"微积分男爵用菱形窗户诱捕傻瓜。"

"不要着急，"泰格说，"正方形只是菱形的一种。大多数菱形看起来并不是这种样子。"他一边说着，一边捡起 4 根小棍儿，把它们扎捆在一起，形成一个正方形。

91

"如果所有的边同样长，那么它一定是正方形。"上校咕哝着说。

"不，不是这样。"泰格一边说，一边把他的模型的两个相对的角向里推了推，"这像什么？"

"钻石！"上校说，"我明白了，4 条边仍然同样长，我们刚才选择的窗户不对。"

"哦噢！"英勇的传令兵喊起来，他们似乎觉得终于有了一线希望，不过声音十分微弱。

"我找到了钻石形窗户，"军士说，"但是它在塔楼的最上面。"

"去借一个长梯子来。"上校说。

"要多长？"军士问。

"只要一个下午。"上校说。

"嗯，"军士糊涂了，"我是说它的长度是多少？"

"我不知道，"上校说，"我们得量一量塔楼有多高，可我们只有一根量绳。"

"我拿着绳的底端，你沿着墙往上爬，拿着绳的另一端到塔顶。"一个士兵喊道。粗鄙的笑声随之而起，因为传令兵们很有点儿黑色幽默。

"我知道怎样测量楼高，"数学家泰格说，"不过……"

"我知道，我知道，这要付第16笔费用。"上校说。

"你真的肯定你能付得起吗？"泰格问。

"哼，不就是几个便士吗？！"上校说，"我说，你肯定你能爬上墙去吗？"

"没那个必要。"泰格咧着嘴笑笑。

稍稍放松一会儿……

打败计算器

找一个带计算器的朋友，和他打赌你的运算速度可以比计算器还要快。

那么请你的朋友在计算器上按下任意一个3位数A，让他告诉你这个数是多少。然后，他必须尽可能快地用计算器算出 A×7 ×11×13 =?

▶ 用7乘这个数

▶ 用11乘上面的得数

▶ 用13乘上面的得数

不管他试图多么快地完成这道乘法题，你总能比他先写下答案！

　　你要做的只是重复写原来的数两次！比如原来的数是 838，那么你就写 838838。就这么玄妙！

神奇的魔方

我们经常用数字做各种各样的图形组合游戏，这种游戏可以锻炼你的大脑，培养你全面思维的能力，在游戏过程中，你会从中发现数字的魔幻力量。魔方就是它们当中最古老的一种。下面是最简单的一种魔方，我们就从它开始吧。

8	1	6
3	5	7
4	9	2

上面 3×3 的 9 格图中的 9 个数字，把它们摆放在图中不同的位置，使得任何直线（3 条水平线、3 条竖直线和 2 条对角线）上的 3 个数字加起来总能得到同样的数——"15"，这个数在魔方游戏中被称为"魔数"。只安排 9 个数字的魔方游戏，对于你来说也许没有什么难度，但是随着需要排列的图形的扩大，难度也会成倍地增加。现在来看看下面这个魔方吧，我们会尝试着教你掌握更多解决类似魔方问题的基本方法，并且把你训练成一个出题专家。

这里是一个 4×4 的 16 格魔方：

8	11	14	1
13	2	7	12
3	16	9	6
10	5	4	15

这一魔方使用的是数字 1 至 16，魔数是 34。让我们来看看这个魔方的奇妙之处：

▶ 把任何直线上的 4 个数字加起来（水平线、竖直线或者对角线）。

▶ 把 4 个角上的数字加起来。

▶ 把 4 个中间的数加起来。

▶ 把这一正方形分成 4 个小正方形，把任何一个小正方形中的数加起来！（例如左下角的小正方形，4 个数加起来将是 3+16+10+5=34）

▶ 去掉中间的 4 个数和角上的 4 个数。把两条侧边上剩下的数加起来（13+3+12+6）或者把顶部和底部两条边剩下的数（11+14+5+4）加起来。你的得数是多少，它们是相等的吗？

这个魔方是不是大有巧妙之处？也许你琢磨不透，这些数字是怎样如此巧妙地被排列在一起的呢？

事实上，我们可以从这个魔方推出任意一个有不同魔数的魔方来。你不一定用 34 作为你的魔数。你可以使用你喜欢的任何数做出你自己的魔方！方法是如此的简单。来看下图：

图中有 4 个关键的数字，它们用黑色的方框表示。如果你希望魔数不等于 34，那么你只需要改变这 4 个关键的数就行。

例如：你希望你的魔数为 25。因为 25 比 34 小 9，那么你所要做的只是按原来的位置把魔方重写一遍，只是要把那 4 个关键数都减去 9。

8	11	5	1
4	2	7	12
3	7	9	6
10	5	4	6

试试看。你一定成功了！按前面的方法演算一下，你会发现现在每一条线上的数和数的组合加起来都是 25！

如果你在为奶奶准备生日贺卡，你真的可以试着做一个魔方贺卡，让它的魔数等于奶奶的年龄！如果你奶奶 103 岁，在这种情况下，103 比 34 大 69，只要把 69 分别加在这 4 个关键数上就可以了。

奶奶，这个魔方写着你的年纪。

天哪，这不是我丢的那张柳条椅吗？

这里还有一个非常特殊的 4×4 的魔方！

96	11	89	68
88	69	91	16
61	86	18	99
19	98	66	81

各条线上 4 个数的组合都是 264。但是当把它上下颠倒过来看，聪明的你一定会发现其中的奥秘！

最后来看一下，这里是一个更大的魔方，它是 5×5 的 25 格魔方，它用了从 1 至 25 的所有的数。魔数（所有直线上的数加起来的和）是 65。

17	24	1	8	15
23	5	7	14	16
4	6	13	20	22
10	12	19	21	3
11	18	25	2	9

速 算

不用计算器就能迅速得到答案的人看起来永远都是特别的睿智，你想不想成为他们中的一个呢？

看了这一章你就会觉得这似乎并不是什么难事。

首先你必须知道一些计算题的速算技巧。那么看过下面这些，数学对你也就不再那么要命了。

乘法的技巧

用 10 乘

当用 10 乘一个整数时，不管那个乘 10 的整数有多么的庞大，答案也只是在这个整数后面加个 "0"！这无疑是所有运算中最常用到的技巧。

$$3785 \times 10 = 37\,850$$

如果你想用 100 乘，末尾放 "00" 就搞定了。

$$4\,558\,566\,385\,465 \times 100 = 455\,856\,638\,546\,500$$

用 1000 或用 10 000 或者甚至用 1 000 000 000 乘也同样简单，只要在这个整数末尾添加相应个数的零。

但是，添加零只对整数适用。

如果像 6.247 这样的小数，只要把小数点向右移位就可以，也非常简单！

所以 $6.247 \times 10 = 62.47$ 或者 $6.247 \times 100 = 624.7$。

用 99 或 9 乘

商店里许多商品的价格都是 99 分，你会嫌它们很麻烦吗？假定你想买 13 本书，每本书的价格正好是 99 分，总共要多少钱？

首先你需要知道 99 分是 100 分 -1 分。13×100 分正好是 13 元。从 13 元中减去 13 分，得到答案是 12.87 元！

$$13 \times 99 = （13 \times 100）-（13 \times 1）= 1300 - 13 = 1287$$

当然，用 9 乘非常简单，它和（10-1）一样。假定你需要做计算题（67×9）。它和（670-67）一样，很容易算出来，得数是 603。

用 5 或 25 乘

用 5 乘时，常常先用 10 乘，然后再用 2 除，这样比直接算更容易一点儿。

$$377 \times 5 = 3770 \div 2 = 1885$$

用 25 乘也很容易！你所要做的是先用 100 乘，然后用 4 除。

$$143 \times 25 = 14300 \div 4 = 3575$$

除法的技巧

有时候当知道能用一个数整除另一个数而没有余数时会对你快速解题有帮助的。

10

10 是最简单的！以 0 结尾的任何数都可以用 10 除，所有你要做的只是去掉一个 0！

2

2 也很简单。任何偶数（亦即任何以 2、4、6、8 或 0 结尾的数）都能被 2 整除。

5

5 也很简单。以 0 或 5 结尾的任何数都能被 5 整除。

3

3 真的很有趣！把一个数中所有的数位上的数加起来得到一个总数。如果这个总数可以被 3 整除，那么这个数就肯定能被 3 整除！让我们看看 7845 能不能被 3 整除。把各数位上的数加起来：7 + 8 + 4 + 5 = 24。24 能被 3 整除吗？

把各数位上的数加起来：2 + 4 = 6……

是的！所以 7845 能被 3 整除！

9

9 和 3 一样。把所有数位上的数加起来，如果得数可以被 9 整除，那么这个数就可以被 9 整除！

15 763 能被 9 整除吗？

把各数位上的数加起来：$1 + 5 + 7 + 6 + 3 = 22$。

哦，天哪！ 22 不能被 9 整除，所以 15 763 也不能被 9 整除！

6

因为 $6 = 3 \times 2$，所以你只要做两次小的检查：这个数能被 2 整除吗？这个数能被 3 整除吗？如果答案都是"是"，那么这个数就能被 6 整除！

4

只要取你的数的最后两位。它能够被 2 整除吗？如果能的话，则用 2 除，得到的结果如果还能被 2 整除的话，则整个数将能被 4 整除。

避免显而易见的速算错误

你能够训练出来的真正有用的技能是一种确定"答案何时是正确的感觉"。这能避免你犯一些显而易见的错误，尤其是在做乘法时。它甚至意味着你在商店再不会多掏腰包！这里是一些提示，它们或许能帮助你。

1. 如果两个因数都是奇数，那么得数也一定是奇数。

$$3 \times 7 = 21$$

2. 如果一个数以 5 结尾，那么得数一定以 5 或者 0 结尾。

$$13 \times 5 = 65，22 \times 35 = 770$$

3. 如果一个数以 1 结尾，那么得数的结尾数和另一个数的结尾数相同。

$$471 \times 28 = 13\ 188$$

（28 以 8 结尾，所以，得数也以 8 结尾）

4. 检查答案的大小，确认没有过多或者过少的位数！ $23 \times 49 = 87$，答案明显过小。 $17 \times 6 = 9820$ 怎么样？答案一定是过大了！

看看下面这些计算题，你不用逐题地计算，只需猜出哪个答案是正确的。你会感到惊讶，通过一点儿练习，答案这么容易就找出来了！

请从括号中选择正确答案。

$$37 \times 28 = (91 \quad 1036 \quad 743)$$

$$100 \times 28 = (2880 \quad 28\ 000 \quad 2800)$$

$$99 \times 99 = (9801 \quad 9999 \quad 999)$$

$$7 \times 13 = (178 \quad 98 \quad 91)$$

$$21 \times 33 = (691 \quad 692 \quad 693)$$

如果你想练得十分纯熟，那就和你的朋友一起来比比看。给每个人出一些像上面那样的有答案可供选择的题，最快得到正确答案的就是"啃数字"冠军了！练习得越多，你做得就会越好。

103

不是速算的演算技巧

7

如果你想检验一个数能不能用 7 整除，这虽然稍微有点儿复杂，但是你会发现实际上这方法十分有趣！

▶ 写下你要检测的数，例如，3976。

▶ 舍去最后一位数：397。

▶ 用 3 乘：$397 \times 3 = 1191$。

▶ 把最后一位数加在得数上：$1191 + 6 = 1197$。

▶ 它能够被 7 整除吗？

对它再做一遍！

▶ $119 \times 3 = 357$

加上 $7 = 364$。它能被 7 整除吗？

▶ $36 \times 3 = 108$

加上 $4 = 112$。它能被 7 整除吗？

▶ $11 \times 3 = 33$

加上 2，是 35。它能被 7 整除吗？

▶ $3 \times 3 = 9$

加上 5，是 14。它能被 7 整除吗？

▶ $1 \times 3 = 3$

加上 4，是 7。是的！

所以 3976 能被 7 整除，相比之下直接除似乎更快一点儿，不如你自己也试一下！

传奇还在继续

"好，你将得到你的第 16 笔钱，不过不爬上墙你怎样测量塔楼的高度？"坎索上校问。

"我只要一根直棍儿就行，"泰格笑着说，"希望太阳不要躲起来。"

传令兵们在旁边看着泰格把这根棍儿向上直立着插在地上。他们都想马上知道这根棍儿与测量塔楼有什么关系。

"现在我们测量这根棍儿的高度。"泰格解释。

"可公主并不在这根棍儿的顶端呀！"一个传令兵说。其他人则都偷偷地笑。"现在，"泰格说，"我们就静静地等着棍儿的阴影长度变得和棍儿本身一样长吧。"

于是他们大家都耐心地等着。随着太阳一点点地落下，棍儿的阴影也一点点地变长了。公主仍然在数数："…… 三亿三千九百四十二万八千九百八十四 ……"

"好了，"泰格突然喊了一声，吓得每个人都跳了起来，"棍儿的阴影和棍儿的高度正好一样长。"

塔楼　　阴影　　棍儿　　阴影

"哦噢！"士兵们高喊，好像真的理解了其中的玄妙似的。

"快，测量塔楼阴影的长度。"泰格说。

"阴影是 30 米长。"结果出来了。

"那么塔楼的高度是 30 米。"泰格说。

"你怎么知道的？"上校问。

"太容易了，"泰格说，"当棍儿的阴影和棍儿的高度同样长时，塔楼的阴影也必定和它的高度一样长。"

"为什么？"军士怀疑地问。

"相似三角形原理。"泰格简练地回答。

"我们用另一种方式看看，"泰格说，"如果这根棍儿是 1 米高，阴影就有同样的长度，那它就是 1 米长，对不对？"

"对！"所有的士兵齐声说。

"如果棍儿有两倍高，那么阴影也将两倍长，对不对？"

"对！"所有的士兵再次齐声说。

"如果棍儿有 30 米高，那么阴影也将有 30 米长，对不对？"

"对！"士兵们高兴地齐声回答。他们喜欢这种简单的齐声附和。

"现在我们是用一个 30 米高的塔楼代替 30 米高的棍儿，对不对？"

"对！"除上校外所有的士兵齐声说。他稍微有点儿糊涂，30米的棍儿怎么突然变成一个巨大的石头塔楼了？于是他决定保持沉默。

很快，一个梯子就靠在塔楼的墙上。

"好，"上校问，"谁想单独去救公主？"

30 米的梯子看上去非常长，而且不太稳。

"好，伙计们？"他坚持问，"不要不好意思。"

"我妈刚给我寄来一封信。"一个士兵说。

"我有恐高症。"另一个说。

"我刚洗过头。"第三个说。

上校绝望了。

"弟兄们，如果不是膝盖痛我会自己去。"上校说。

"是啊，他们都害怕了。"不知谁说了一句。

"说正经的，谁爬上去，我给谁 50 英镑奖金。"

士兵们又向上看看梯子。50 英镑不是一笔小数目，但是 30 米也确实是够长的。

上校转向泰格，"你怎么样？"他问道。

"我要你付第 17 笔钱！"泰格说。

"就这些？"上校说，"我可以给你 50 英镑！"

"我告诉你，你可以选择，"泰格说，"你愿意给我 50 英镑还是第 17 笔钱？"

"当然是第 17 笔！"上校笑了，"那不过就是几个便士嘛！"

泰格咬咬牙，开始登上梯子。

未完，别走开……

有趣的翻牌魔术

天哪！数学书里也有魔术吗？难道它会是……

▶ 把你的老师变成南瓜？

▶ 让沙发突然消失？

▶ 从鼻子里抽出 1000 英镑？

不，比那更妙，它是——

蕴涵许多数学奥妙的翻牌魔术！

这个魔术拥有两个特点：

▶ 它会难住没读过这本书的任何人

▶ 非常容易

你所需要的只是一副扑克牌，一块像毛巾大的布，一张桌子和一位向他展示你魔力的观众。下面就是这个魔术的步骤：

1. 先洗牌。如果你掉在地上几张牌，你可以不理睬，不用着急把它们捡起来。（这甚至更能迷惑人）你把这摞牌面朝下扣在桌子上。在确认你的朋友遵照你的指示而又不会欺骗你之后，你可以闭上眼睛或者背过身去，叫你的朋友照你说的去做！

2. 告诉你的朋友你有一个魔数，它是13。请你的朋友从牌里抽出13张，并把它们翻过来，牌面朝上。

3. 请你的朋友把面朝上的牌一张一张插回这摞牌的不同位置。这摞牌现在有面朝下的，也有面朝上的。然后请你的朋友洗牌（但是要保证他在洗牌时不翻动任何一张牌）。

4. 请你的朋友从这摞牌最上面顺序数13张牌出来，也不能翻乱任何一张，另放成一摞，并用布盖起来。如果你一直闭着眼睛的话，现在你可以睁开了。

5. 告诉你的朋友，你现在要翻动布下面的几张牌。你把手放到布下面，口中念一些咒语。（当然这是一些假装的咒语。如果你使用真的咒语，那么你的朋友可能早就变成果冻或者某种可爱的玩具了）

6. 把布拿开，剩下这13张牌。

7. 这时奇迹出现了！让你的朋友检查两摞牌，你的朋友会发现两摞牌里，面朝上的牌的数目竟然一样多！

1. 洗牌。

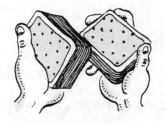

2. 数 13 张牌，面朝上。

3. 把牌插回去并洗牌。

4. 从上面数 13 张牌。

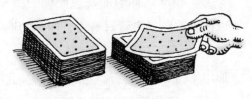

5. 在布下面翻牌。

6. 把布拿开！

这个魔术的神奇之处在于你几乎没碰牌，甚至没看牌却能够奇妙地控制它！

你的朋友一定想知道你怎么知道在原来的一摞牌里剩下几张面朝上的，甚至更想知道你怎么能不用看而从一小摞牌中得到同样数目的面朝上的牌！

那么你是怎么做到的？答案是，当你把手放在布下面时你把

13 张牌全翻了过来。看看你该怎么做这关键的一步！

当你把手放在布下面时，如果你假装做一些相当神秘的事情的话会更有趣。如果你做出全神贯注的神色好像你在摸牌的话，那么你的朋友将花费好几个小时去想你是怎样做的。哈哈！

你的朋友肯定会试图猜出你是怎样变这个魔术的，在他就要绝望的时候，再露一手更高超的吧！

使所有的牌面朝下，洗牌，重新再做一遍。

这一次你的朋友可以选择他自己的魔数。使用你的朋友希望的任何魔数（9 和 15 之间的数最好，其实任何数都行，虽然比 20 大许多的数要麻烦一些）来代替你最初的魔数 13，让我们重新做做这个魔术。

奥妙所在

这个魔术用到了一些简单的代数，很容易解释。如果你以前没碰到过代数的话，你也可以不理睬它，代数只是解决数学问题的一种灵巧的方法。如果你非想知道不可，去看看第 85 页有关代数的解释吧。

拿一摞牌，照下面这样一步一步变这个魔术：

▶　从上面取 13 张牌，把它们翻成面朝上，并把它们插回去，洗牌。

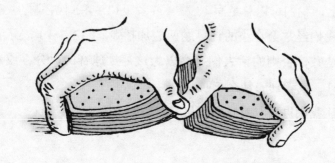

▶ 取这摞牌上面的 13 张牌，看着它们。你应该发现在这 13 张牌中有一些牌面朝上。数数有几张。

▶ 假定在这一小摞牌中有 4 张牌面朝上，这意味着在大摞牌中剩下 9 张牌面朝上。（因为一共有 13 张牌面朝上，小摞牌里面有 4 张，13 - 4 = 9）

▶ 现在，再次看看你这 13 张牌，如果有 4 张牌面朝上，那么其余的一定面朝下，这意味着 9 张牌面朝下。

▶ 如果你把这一小摞牌全翻过来，你会得到什么？你的 4 张面朝上的牌将翻过来面朝下，而 9 张面朝下的牌则翻过来面朝上！

▶ 这样，最后在你的小摞牌中有 9 张牌面朝上，它和大摞中的 9 张面朝上的牌的数目一样。

首先看看 9 是从哪儿来的——这是因为我们从 13 中取走 4。事实上，我们可以总是写 13 减 4 或者（13 - 4）代替写 9。

我们经常会在小的计算题两边加括弧。（13 - 4）表示我们所指的是数，否则的话人们还会以为这是足球赛的比分，或者是你的生日，或者别的什么东西。

让我们再来看看我们简化一点后的步骤：

▶ 从上面取 13 张牌，把它们翻成面朝上，插回去，洗牌。

▶ 取这摞牌上面的 13 张牌，看着它们。你应该发现在这 13 张牌中有一些牌面朝上。有几张？

▶ 假定在这一小摞牌中有 4 张牌面朝上，这意味着在大摞牌中一定剩下（13 − 4）张牌面朝上。

▶ 现在，再次看看你这 13 张牌，如果有 4 张面朝上，那么有（13 − 4）张牌面朝下。

▶ 如果你把这一小摞牌全翻过来，你会得到什么？你的 4 张面朝上的牌将翻过来面朝下，而（13 − 4）张牌将面朝上！

▶ 这样，最后在你的小摞牌中有（13 − 4）张牌面朝上，它和大摞中的（13 − 4）张面朝上的牌的数目一样。

写（13 − 4）是什么意思？这与代数有什么关系？

哎！读一读这个……

假定你发现有 7 张牌面朝上，或者 2 张，或者甚至 0 张，对于每一个数多次像上面那样写实在是一件讨厌的事，所以代数告诉我们一个很聪明的方法——用代码表示可以不断变化的数字。

如果我们使用的魔数是 13，再设小摞牌中的面朝上的牌的数目为字母"F"。（当然你可以选择你喜欢的任何字母，不过在这种情况下，"F"容易记住，因为它在英文里意味着"面朝上"）

然后我们再写一遍上面的指示，不过是用代数的方法：

▶ 从上面取13张牌，把它们翻成面朝上，插回去，洗牌。

▶ 取这摞牌上面的13张牌，看着它们。默数出这13张牌中几张牌面朝上，并设作"F"。

▶ 那么在这一小摞牌中有F张面朝上。这就意味着在大摞牌中一定剩下（$13-F$）张牌面朝上。

▶ 现在，看看你这13张牌，如果有F张面朝上，那么有（$13-F$）张牌面朝下。

▶ 当你把这一小摞牌全翻过来后，你会得到什么？你的F张面朝上的牌将翻过来面朝下，而（$13-F$）张牌将面朝上！

▶ 这样，最后在你的小摞牌中有（$13-F$）张牌面朝上，它和大摞中的（$13-F$）张面朝上的牌的数目是一样的。

这就是代数的奥妙所在，字母在全部运算中总是代表同一个数，并且这个代数字母在另一次的魔术表演中可以代表不同的数字。所以如果你在开始时有3张牌面朝上，那么你只要用3来代替刚才指示中的字母F！

如果你看上述指示，它告诉你有（$13-F$）张牌在小摞中面朝上，并且在大摞中也有（$13-F$）张面朝上。（$13-F$）总是同一个数，与F的大与小没有关系。（假定当你第一次看13张牌的一摞时没有发现有任何一张牌面朝上，那么F将等于0，此时仍然适用）

当我们第一次描述这个魔术时，魔数不一定是13，事实上，这个魔术对任何"魔数"都适用。代数也可以说明这一点！

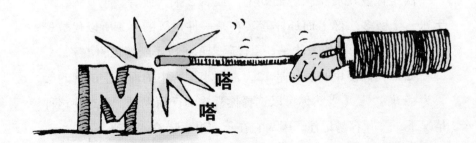

让我们用"M"代替我们的魔数,"F"代替小摆牌中面朝上的牌的数目。

我们最后一次写出下面的步骤:

▶ 从上面取魔数 M 张牌,把它们翻成面朝上,插回去,洗牌。

▶ 再取这摆牌上面的魔数 M 张牌,看着它们,默数出这一小摆牌中有几张牌面朝上,这个数就是"F"。

▶ 假定在这一小摆牌中有 F 张牌面朝上,这意味着在大摆牌中一定剩下(M−F)张牌面朝上。

▶ 现在,再次看看这 M 张牌,如果有 F 张牌面朝上,那么有(M−F)张牌面朝下。

▶ 如果你把这一小摆牌全翻过来,你会得到什么?你的 F 张面朝上的牌将翻过来面朝下,而(M−F)张牌将面朝上!

▶ 这样,最后在你的小摆牌中有(M−F)张牌面朝上,它和大摆中的(M−F)张面朝上的牌的数目一样。

干得好!代数的方法已经证明这个魔术总会是成功的。下次你给别人玩这个要命的魔术时,如果你高兴的话,还可以给他们写下全部解释。只需要复制上面的指示,不过代替"M"的是他们选择的任何魔数,代替"F"的是放入你给出的一小摆中面朝上的牌数。

哎!注意啦,艾利卡知道一种魔术,它使用了一种叫作代数的方法!

怎样处理大数目

你曾经在新闻上听过这样的事情吗？

下面播报新闻……据报道，今天所有警察局的厕所被盗。2000个侦探报告说，他们没有任何线索。

或许有人会这样告诉你："月亮离我们有384 400千米"；或者"世界上有800 000种不同的昆虫"。

你会觉得其中有难以相信的成分吗？也许有些事情似乎总可以找到一个确切的数目来形容，如果当真用准确的数字来描绘一切数字时，你一定会觉得很奇怪，为什么呢？

这是因为当数目变大时，没有人再在意它们的精确性。想象一下一个新闻主持人宣布：

在今天世界杯的最后角逐中，有102 412个观众……

116

也许在他还没说完之前你大概已经忘记他在说什么了，所以人们倾向于用"四舍五入"的方法来忽略一些具体数字而强调主题。

数的四舍五入

假如你得到 61 块糖果，那么说你得到大约 60 块已经足够接近了，是不是？你所做的只是使最后的 1 变成 0。事实上，没人会在意你得到 60 块还是 61 块。当然在忽略数字方面我们还需要一个规则。

这个规则就叫作"四舍五入"。这从字面上来看都很好理解。一般来讲，如果最后一位数是 5 或者更大，那么把它进到 10（需要在高一位加 1），但是如果它是 4 或更小，则把它舍去成 0。

一个四舍五入的爱情故事

当人们处于失恋或疯狂的热恋中时，他们的所作所为总叫人惊奇。

这里是格拉底斯的故事——实际上故事的主角不一定叫格拉底斯，也可以是任何人，比如你的脾气暴躁的兄弟，或者是你在邮局看到的漂亮女生……

但是这里为了方便起见，格拉底斯成了故事的女主角。格拉底斯情绪很糟糕，因为似乎整个宇宙中她最心爱的人都纷纷离她而去，再没有一个回来。于是她试图集中精力做一些古怪的事情来让她忘记一切忧伤。她打开了一罐青豆，

37，38，39……

豆

准备数完其中的每一粒。可怜的格拉底斯完成了这个让她忘记烦恼的任务：一共是 1928 粒青豆子。

这时候，她最小的弟弟从外面玩耍回来，带着一股汗臭味。"姐姐在数豆啊，"他问，"有多少？"

格拉底斯并不想让他认为她古怪到把豆子数到那么精确，于是她对 1928 进行了四舍五入。"大约是 1930 粒。"她在把 8 进位后说。

格拉底斯的妈妈进来了，她总是很乐观，希望看到女儿不再为离开心爱的人而闷闷不乐。

"在数青豆吗，亲爱的？"她关怀地对格拉底斯说，"那么，你数出的是多少呢？"

格拉底斯很不好意思，于是她再次四舍五入了这个数，试图表示她确实不在意。"1900 粒。"她咕哝着说，"不过只是大概。"

这时她完全忽略了 8，只看十位数上的 2，并把这个小于 5 的数也舍去了。

突然门铃响起来，格拉底斯的心上人范希走了进来，一眼就看见了格拉底斯的青豆！

"你好，亲爱的小甜心！数出多少了？"格拉底斯意识到如果对他承认罐里有大约 1900 粒青豆会让她感到难为情，于是她脑筋一转把数字又四舍五入到了 2000（她忽略了 2 和 8，只是把 9 进到 10）。

"我听说你在数罐中的青豆呢。"范希语气温柔地说。

哎呀呀！真要命，格拉底斯真想钻到地下去。

"那么有多少粒呢？"范希问道。

"很多。"她回答说，稍稍打了个哈欠，因为她想装得尽可能冷静。

这不叫四舍五入，这叫彻底绝望。

"你能做到的就是这些？"范希说，"其实我心情不好的时候也数过，里面有 1928 颗青豆。"

从这个故事可以学到两点：

▶ 四舍五入数时你可以多一点，也可以少一点，取决于你希望它有多精确。

▶ 任何人有时都会做一些像数青豆这样的蠢事。

这就是格拉底斯的爱情生活，四舍五入和青豆联系在一起，并且记住，你在这里曾经先睹为快。

面对真正庞大的数目

有时人们会努力想告诉你一些有趣的事情，但你却不能完全记住它们！下面就是个例子。

地球到月亮的平均距离是 384 400 千米。

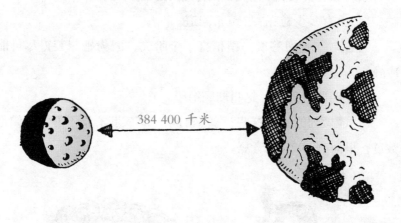

384 400 千米

看出问题来了吗？这个数字从书上看很容易，但是想要记住它可需要努把力了！为使它更便于记忆，可以对它进行四舍五入的处理。下面是对上面地球到月亮的距离进行四舍五入后得到的结果……

384 000 千米　四舍五入到 3 位数（因为在前 3 位数字后都是零）
　　　　　　　精确度：99.8%

380 000 千米　四舍五入到两位数（因为在这里我们只给出两位数字，后面放零）
　　　　　　　精确度：98%

400 000 千米　四舍五入到一位数，不过它很不精确，从来不用！
　　　　　　　精确度：80%

通常我们说地球到月亮的距离是"38万千米"，因为这样比较容易记忆。对于大多数应用者的需要来说，这已足够精确了。

通常，数字四舍五入到两位数，但是如果首位数字是1，那么最好四舍五入到3位数字比较好。

百分比(％)等同于从100中取多少点。当你谈论准确度时，100％是接近完美的，90％也还是可以被接受的，而50％则实在太糟糕而结果是不应该被采纳的。想象一下如果你要买一条蛇，卖蛇的老板告诉你这条蛇有两米长，如果精确度小于50％ ——也就意味着这条蛇可能是1米到3米之间的任何长度！于是这个数字对你来讲完全没有用处！

好，现在掌握了用四舍五入来处理大数字的方法，注意了，我们要向前更进一步了。

正在接近真正的大数字

让我们来看看真正的大数字！你会把什么叫作大数字呢？十？一百？一千？一百万？一万亿？

如果你赢了一万亿英镑，是不是从来没见过这么多的钱？虽然这是一个非常大的数字，但是你仍然能够在你的存折上写下它，像这样：£1 000 000 000 000。而你将这样处理一下这个庞大的数字：

为了看清楚这个数字，便于我们书写，我们在每3位之间留一点空距，但是有时这也还不够。

你知道一滴水中有多少分子吗？

如果你真的有耐心认真数一下的话，你就会发现，它会有：

1 237 992 101 573 228 689 214。

啊？怎么处理它们呢？

首先我们四舍五入这个数字，你将得到：

1 240 000 000 000 000 000 000。

哟！这看起来好多了，是不是？

即使使用了空距，但这些零还是会叫人看花眼，于是我们采用一种书写真正大数字的方法：

1. 忽略空距！

2. 在前面写数字，这种情况是124。在第一位数字后面放一个小数点，于是你得到 1.24。

3. 数一数你的大数字里有多少位，然后减去 1。这个数有 22 位，所以你得到 22−1 = 21。

4. 现在你可以这样写你的大数字：1.24×10^{21}。（你看见 21 被用到哪里了吗）

好了！现在是不是更简单、更清楚了呢？

1.24×10^{21} 代表 1 240 000 000 000 000 000 000 吗？

我们所做的是把这个大的数字分成两个新的数字。当你写 10^{21} 时，这意味着 10 自乘 21 次，它和 1 后面跟随 21 个零一样。也就是 1.24 和 1 000 000 000 000 000 000 000 相乘，其结果等于 1 240 000 000 000 000 000 000。

当然，你也许已经会分解这类数字了！

假定你看到地球已经有 4.65×10^{9} 岁……

为了确定 4.65×10^{9} 到底意味着多大，你只需做一道很简单的乘法题。10^{9} 只是一个 1 后带 9 个 0 的数，也就是说，你得到了 $4.65 \times 1\ 000\ 000\ 000$。

被 1 000 000 000 这样的数乘的最聪明的方法就是把小数点向右移动，每一个 0 移 1 位。这个数一共有 9 个 0，所以把小数点移动 9 位。你就得到：

465_ _ _ _ _ _ _。（当小数点移过 6 和 5 时还剩下 7 个 0，所以小数点还需要移动 7 位）

现在在每个短线上添上 0，你就得到 4 650 000 000。如果你用空距分位，那么会使这个数变得更易懂。于是你便知道了地球原来有 4 650 000 000 岁。

那正是我所认为的，我的奶奶应该更老些。

小计算器与大数字

当试图用计算器显示大数字时，它们大多都有一个特殊的问题。它们不可能显示出像 4.7×10^{13} 这样格式的数字来，因为它们不能显示"×"，也不能在数字的右上角显示小数字。取而代之，它们可以显示为 4.7E13。

字母"E"后面的数字只是告诉你有多少位来移动小数点，所以，"E43"和"$\times 10^{43}$"含义是一样的。

如果你的计算器功能相当低的话，它可能只会显示 E 而没有数字。此时，E 表示计算器出错，告诉你：数字太大了，你的计算结果无法在计算器上被显示出来！

容易被忽略的负号

这一数制可以表示巨大的数字，也能表示很小的数字。

一个氢原子的质量是 1.7×10^{-24} 克。（或者在计算器上显示为：

1.7E–24）糟了！它看上去好像很大，直到你发现在 24 前面还有一个负号。

为了揭示它的真面目，我们根据和计算地球的年龄完全一样的方法来做。换句话说，你写下 1.7，然后移动小数点。只是这次，右上角的小数字是负 24，小数点应该向左移位，而不是向右。

这样你就能够得到一个氢原子的质量，试试一口气读出来，0.00000000000000000000000017 克！

在这个例子里，关键在于你是否仔细注意到右上角的数字前面还有个小小的负号"–"。如果你漏了这个看似不起眼的负号，而把一个氢原子的质量说成是 1.7×10^{24} 克，那么本来肉眼都看不到的氢原子现在却要比珠穆朗玛峰还要重许多。

庞大数字的绰号

千 (Thousand)　　　　1000

百万 (Million)　　　　1 000 000（意思是 1 千个千）

正是如此，你知道，如果你老老实实一个个地数，那么可能要用 1 周时间来数出 1 百万——而且你还不能打盹或者睡觉。

比林 (Billion 的音译)　　啊哈！这里有一个小问题。在美国它是 1 000 000 000 或者十亿。然而，在大多数地方，1 比林是指 1 000 000 000 000，也就是 1 万亿。

那么这对英国的比林富翁是个好消息，因为他们要比美国的比林富翁富有 1000 倍。只可惜英国还没有哪个富翁拥有如此多的财产。如果一个美国的比林富翁的钱都以 1 美元为单位，那他要用 30 年不停地数才能数完！

萃林 (Trillion 的音译)

对于美国的另一个问题！在美国这是 1 万亿，或者 1 000 000 000 000。（和英国的比林一样），在其他大多数地方，它是 1 百亿亿，或者是 1 000 000 000 000 000 000（或者 10^{18}）。

齐林 (Zillion 的音译)

孩子们为任何十分愚蠢的大数字起的名字。

斯奎林 (Squillion 的音译)

1 齐林齐林，前面再加几个齐林。

古戈尔 (Googol 的音译)

1 后面有 100 个 0。你可以写为 10^{100}。

古戈尔普勒克斯 (Googolplex 的音译)

1 后面有古戈尔个 0。
警告！如果你想要把它写下来，你最好请全世界所有的人帮助你。

无穷

1 古戈尔普勒克斯个古戈尔普勒克斯都很难冲破它的边界。无穷的确很大，没有人知道它的边界在什么地方。但幸运的是至少有一个特殊的符号可以记录它：∞。

冲出迷宫的钥匙
——字母的对称性

这里又有一个好玩的谜语要你猜一猜：

这些字母有什么？

A B C D E H I K M O T U V W X Y

这些字母里没有什么？

F G J L N P Q R S Z

你也许到老也想不出，所以这里给出答案：最上面一行的字母具有反射对称性。

127

如果某个事物有反射对称性，那么这意味着你可以通过它的中间画一条线，线的一边和另一边是完全对等的，我们称之为对称反射。

从字母"A"的中间画一条竖线，你很容易看出来字母"A"所具有的反射对称性，就好像照镜子一样。

如果你在这竖线上放上一面镜子，并且向里看，你将会看见字母"A"被对等地分成完全一样的两部分，一部分在镜子外面，一部分在镜子里面。这和把写有字母"A"的纸从"A"的中轴线对折，使这个字母分成能够完全重合的两部分是一个道理。

如果你想省点事，还可以用湿颜料只画上这个字母的一半，然后把纸对折起来，再打开，最后跑到纸另一侧上的颜料将会画完这一个完整的字母！

"字母'Z'也可以这样吗？画一条线通过它，一侧也是另一侧的反射对称。"你说。

真是这样吗？让我们来看看……

显然字母"Z"不具反射对称性！两部分并没有完全重叠，它们只是看上去相同。

那么你也可以用刚才的方法涂鸦字母"Z"，通过用颜料先画一半，折叠纸，再展开，你会得到什么呢？许多东西都具有反射

对称性，几乎包括了每一种动物。你自己的身体具有反射对称性，除非在你的背后长出了另一只胳膊，或者从左膝盖上长出一只备用的鼻子，更或者那些古怪的歪歪倒倒的发型。

我们来看一些非对称的动物……

猫头鹰

猫头鹰的一个耳孔往往比另一个高，以方便它们在黑暗中更准确定位要猎杀的猎物。

平鱼

平鱼指那些躺着游泳的鱼，例如比目鱼和欧蝶。它们总是侧着身子游泳，所以原本应该向下的眼逐渐和另一只眼睛接近，都出现在身体的一侧，看起来相当滑稽，就像一张被压扁了的脸。

螃蟹

螃蟹的一只螯有时会比另一只更大一些。

有些事物不止有一条对称"线"。比如字母"X"。你或许可以画出 4 条可能的对称线来！

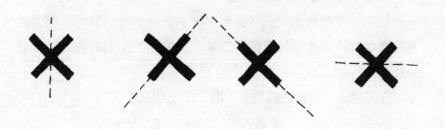

129

你认为你现在已经了解关于对称的所有事情了吗？好，那么这个又是什么？

这些字母有什么？

H I N O S X Z

而这些则没有什么？

A B C D E F G J K L M P Q R T U V W

最上面一行字母具有旋转对称性！这意味着你可以把它们捡起来，转动，然后再把它们向下，它们竟和原来一模一样！检验它的最好方法就是把这本书转一下，上下颠倒过来看。

大多数字母只有两个旋转对称位置，但是你注意到没有？在上面的列表中遗漏了一个字母。是的，字母"Y"被漏掉了，因为它是一种很特殊的情形。通常 Y 并不具有任何旋转对称性，但是，如果在写 Y 时特意地使它的 3 条臂等长，而且使每两条臂之间的角度都相等，那么 Y 将具有 3 个旋转对称位置！

你将会发现字母 H、I、O 和 X 具有旋转和反射两种对称性。

字母"X"的十字有几个旋转对称位置？

字母"O"又有多少对称位置呢？

老天！看起来你现在掌握对称的知识是如此的及时，因为你突然被可怕的芬迪施教授抓了起来，并把你扔到他的智力迷宫最深处。

你必须依靠自己的机智和勇敢，才能冲出迷宫。

冲出迷宫

值得庆幸的是你无意中发现了一张迷宫的地图，你需要沿着危险的迷路走，写下你所经过的字母，把这些字母顺序连起来就会得到你的通行证。只有对可怕的警卫说出正确的魔语时，那些讨厌的家伙才会放你出去。

游戏规则

1. 如果你接近具有旋转对称性的符号时，向左转。
2. 如果你接近具有反射对称性的符号时，向右转。
3. 如果你接近具有两种对称性的符号时，双倍返回。
4. 如果你接近没有对称性的符号时，直行。

131

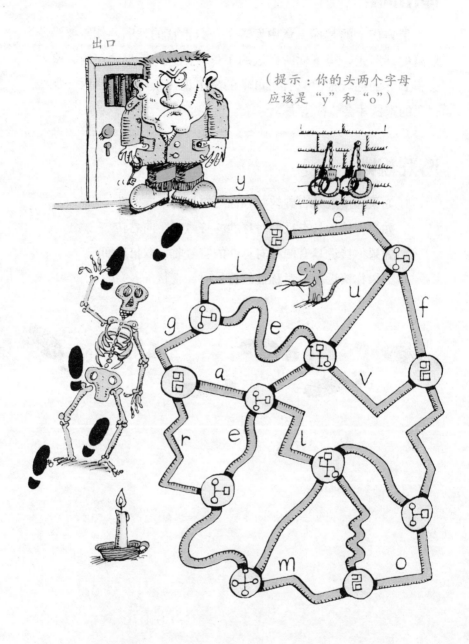

出口

（提示：你的头两个字母
应该是"y"和"o"）

服务费用

"你是我的英雄！"公主和泰格从梯子上走下，公主情不自禁地说。

"我必须坦白，我这样做是因为上校付给我酬金。"泰格承认。

"没关系，他能付得起，因为我父亲将给他1000英镑奖赏！"公主说。

我的英雄！

"是吗，上校？哦，可怜的人！"泰格偷偷地笑。

"怎么了？"上校问道。

"你付不起欠我的钱！"

"不可能，你的条件并不高嘛。如果我选择付你1英镑，然后是2英镑，等等，那么这第17笔钱将是17英镑。我都不敢想那一大笔加起来会是多少。"

"153英镑。"公主说。

公主转过身来，看见泰格正全神贯注盯着她看。

"你怎么了，英雄？"她问道。

"我正在爱上一个能够长于计算的姑娘。"他咕哝着说。

"太好了，我正庆幸不用付你 153 英镑呢！"上校说。

"那么他要付你多少钱？"公主问。

"第一件事付 1 便士，第二件事付 2 便士，第三件事付 4 便士，一直保持加倍。"泰格说。

"不过就几个便士嘛！"上校轻蔑地说。

"你刚才说有 17 笔费用？"公主问道。

"是的。"泰格说。

"天啊！"公主说，"你在滚数字雪球！"

"不用太当回事，"上校说，"他不要 50 英镑，却要第 17 笔费用，真傻到家了！"

"如果换了我，也会这么做的！"公主说，"上校，你知道第 17 笔费用是多少钱吗？"

"还不知道。"泰格承认。

上校看起来有点着急。"不过就是几个便士，肯定是。"上校说。

"是 65 536 便士。"公主说。

"6 万……"上校简直不敢相信自己的耳朵了。

"如果你喜欢，也可以说是 655 镑 36 便士。"泰格说。

"那只是第 17 笔费用。"公主说。

"那总共是多…… 多少呢？"上校问道。

"1310 镑。"公主说。

"还有 71 便士。"泰格补充道。

"我喜欢这样的男人，勇敢、聪明！"公主激动地说。

几周后英勇的传令兵组成了仪仗队，接受泰格和新的泰格夫人——公主的检阅。

"万岁！"所有的士兵们欢呼。

"我期望你们大家都来参加我们的婚宴。"泰格说。

"我们为你们准备了好多冷香肠，"公主说，"准确地说，有

728 根。"

"万万岁！"士兵们欢呼。

"每个人是多少？"上校问。

"你在问我吗？"泰格笑着说，"因为那会要你再付一笔钱。"

上校的脸变得异常苍白："好吧，那我将就着吃点儿饼干算了。"

135

"经典科学" 系列（26册）

肚子里的恶心事儿
丑陋的虫子
显微镜下的怪物
动物惊奇
植物的咒语
臭屁的大脑
神奇的肢体碎片
身体使用手册
杀人疾病全记录
进化之谜
时间揭秘
触电惊魂
力的惊险故事
声音的魔力
神秘莫测的光
能量怪物
化学也疯狂
受苦受难的科学家
改变世界的科学实验
魔鬼头脑训练营
"末日"来临
鏖战飞行
目瞪口呆话发明
动物的狩猎绝招
恐怖的实验
致命毒药

"经典数学" 系列（12册）

要命的数学
特别要命的数学
绝望的分数
你真的会＋－×÷吗
数字——破解万物的钥匙
逃不出的怪圈——圆和其他图形
寻找你的幸运星——概率的秘密
测来测去——长度、面积和体积
数学头脑训练营
玩转几何
代数任我行
超级公式

"科学新知" 系列（17册）

破案术大全
墓室里的秘密
密码全攻略
外星人的疯狂旅行
魔术全揭秘
超级建筑
超能电脑
电影特技魔法秀
街上流行机器人
美妙的电影
我为音乐狂
巧克力秘闻
神奇的互联网
太空旅行记
消逝的恐龙
艺术家的魔法秀
不为人知的奥运故事

"自然探秘" 系列（12册）

惊险南北极
地震了！快跑！
发威的火山
愤怒的河流
绝顶探险
杀人风暴
死亡沙漠
无情的海洋
雨林深处
勇敢者大冒险
鬼怪之湖
荒野之岛

"体验课堂" 系列（4册）

体验丛林
体验沙漠
体验鲨鱼
体验宇宙

"中国特辑" 系列（1册）

谁来拯救地球